U0900538

特种设备安全管理作业指导书

廖迪煜　编著

中国质量标准出版传媒有限公司
中　国　标　准　出　版　社

北　京

图书在版编目（CIP）数据

特种设备安全管理作业指导书 / 廖迪煜编著. —北京：中国质量标准出版传媒有限公司，2022.1

ISBN 978 - 7 - 5026 -5013 - 1

Ⅰ. ①特… Ⅱ. ①廖… Ⅲ. ①设备安全—安全管理 Ⅳ. ① X931

中国版本图书馆 CIP 数据核字（2021）第 239757 号

内容简介

《特种设备安全管理作业指导书》由 3 部分组成，共分 6 章，内容包括特种设备生产、经营、使用单位和检验检测机构涉及设计、制造、安装、改造、修理、经营、检验检测和使用的作业指导书；特种设备检验检测机构型式试验、鉴定评审、进口锅炉压力容器安全性能检验、监督检验和定期检验等指南；特种设备安全监察部门行政许可、检验检测机构核准、检验和作业人员资格认定、施工告知和办理使用登记等指南，日常监督检查、行政处罚、重大活动安全保障、举报投诉处理、约谈法定代表人、事故应急救援与调查处理、档案管理等作业指导书。

本书主要供特种设备生产、经营、检验检测和使用等单位安全管理人员使用，也可供特种设备安全监察人员和执法办案人员、特种设备工程技术人员、基层各级政府安全生产监督工作者、大中专院校师生参考使用，同时可作为职业技术教学和特种设备安全管理培训参考用书。

中国质量标准出版传媒有限公司
中　国　标　准　出　版　社　出版发行

北京市朝阳区和平里西街甲 2 号（100029）
北京市西城区三里河北街 16 号（100045）

网址：www.spc.net.cn
总编室：（010）68533533　发行中心：（010）51780238
读者服务部：（010）68523946
中国标准出版社秦皇岛印刷厂印刷
各地新华书店经销

*

开本 787×1092　1/16　印张 17　字数 431 千字
2022 年 1 月第一版　　2022 年 1 月第一次印刷

*

定价：83.00 元

如有印装差错　由本社发行中心调换
版权专有　侵权必究
举报电话：（010）68510107

前言

特种设备安全管理工作涉及知识面广，既涉及专业技术，又涉及众多法规、规章、技术规范和标准等，合规并及时地开展各项安全管理工作，是每一位安全管理工作人员必备的素质。随着特种设备数量的迅猛增加，新技术、新工艺、高参数、大容量应用与设备老化等情况并存；同时，新模式、新产业、新业态的发展，责任主体的多元化，以及社会管理方式的变革，对特种设备安全管理工作提出了更高的要求。作为安全管理工作人员，只有准确掌握各项特种设备安全管理工作的目的、依据、步骤和要求等，才能履职到位。本人根据法律法规的要求，结合特种设备生产、经营、使用单位和检验检测机构的工作实际，以及在特种设备安装、改造、修理、经营、使用、检验和监察等领域30多年的从业经验，编著了《特种设备安全管理作业指导书》，希望能为特种设备生产、经营、使用单位和检验检测机构规范安全管理工作提供参考，并对落实企业安全主体责任，确保特种设备安全运行有较大的帮助。

本书由3部分组成，共分6章，内容包括特种设备生产、经营、使用单位和检验检测机构涉及设计、制造、安装、改造、修理、经营、检验检测和使用的作业指导书；特种设备检验检测机构型式试验、鉴定评审、进口锅炉压力容器安全性能检验、监督检验和定期检验等指南；特种设备安全监察部门行政许可、检验检测机构核准、检验和作业人员资格认定、施工告知和办理使用登记等指南，日常监督检查、行政处罚、重大活动安全保障、举报投诉处理、约谈法定代表人、事故应急救援与调查处理、档案管理等作业指导书。

在编写过程中，全书内容力求简明扼要、通俗易懂，注重实用性。本书具有如下特点：

1. 可操性强。本书介绍的指南和作业指导书，均按照“工作目的、依据、步骤和要求”进行编写，具有较强的可操作性。

2. 覆盖面广。本书介绍的指南和作业指导书，囊括了特种设备生产、经营、使用单位和检验检测机构安全管理工作，以及特种设备安全监察工作涉及的各项业务。

3. 独具匠心。将实际工作中的一些做法进行归纳总结，形成作业指导书，如特种设备安全隐患治理、风险分级管控及技术档案管理等作业指导书。

本书在编写过程中得到原国家质量监督检验检疫总局特种设备安全监察局局长宋继红的悉心指导和大力支持，在此表示衷心感谢！

书中如存在与现行法规、规章、技术规范和标准相悖之处，以现行法规、规章、技术规范和标准为准。

编著者邮箱：876629286@qq.com。

编著者

2021 年 7 月于广州

目　录

第一部分　特种设备生产、经营和使用

第二部分　特种设备检验检测

第三部分　特种设备安全监察

附 录

1

第一部分

特种设备生产、经营和使用

第1章　特种设备生产、经营和使用安全管理作业指导书

1.1　特种设备设计作业指导书

特种设备设计作业指导书见表1–1。

表1–1　特种设备设计作业指导书

序号	项目	内容
1	目的	规范和指导特种设备设计、开发，提高设计和工作效果
2	适用范围	适用于特种设备的设计和开发工作
3	职责	1. 按客户要求和国家、行业现行的相关标准、规范进行设计； 2. 负责对设计全过程的专业资料、图纸等的绘制、评审、验证、确认、更改及修订等工作； 3. 负责保存设计、更改的相关记录资料
4	制定依据	1.《中华人民共和国特种设备安全法》； 2.《特种设备安全监察条例》； 3. TSG 07—2019《特种设备生产和充装单位许可规则》； 4. 与设计有关的技术规范
5	设计对象	各类特种设备
6	工作步骤	1. 设计输入 （1）必须要明确工艺过程的要求； （2）必须要明确设计范围及工作职责； （3）必须要有所有相关工件的工程图或可获得这些信息的其他文件； （4）明确任务的时间及成本要求； （5）尽可能收集所有其他方面的任务要求，并做好记录工作。 2. 方案设计 （1）查看有无整体的通用要求； （2）对设备的工艺要求进行详细分析并记录； （3）按工艺要求编排设备的动作顺序，并分析节拍； （4）将设备划分为几个功能相对独立的模块开展部件设计； （5）尽可能采用成熟、稳定的结构进行设计； （6）使各种适用型号工件在各部件都在原位状态时可以顺利通过设备。

表 1–1（续）

<table>
<tr><th>序号</th><th>项目</th><th>内容</th></tr>
<tr><td>6</td><td>工作步骤</td><td>3. 内部评审
（1）尽可能发现设计缺陷，避免因方案错误造成重大损失；
（2）是否按内部专家的修改意见进行修改需要由权威专家决定。
4. 图纸会签
（1）对客户提出的全部问题和想法进行详细记录；
（2）对客户提出问题的不理解之处要及时讨论和交流，避免由此带来损失；
（3）对客户同意的部分和客户明确提出修改的部分进行记录，并由双方签字确认。
5. 细化设计
（1）在细化设计初期，尽早确定长周期外购件型号并下单采购；
（2）对各视图进行仔细核对，确保所有零件不存在干涉现象；
（3）尽可能将所有细节在图纸中表达清楚；
（4）保证每个零件都有明确的材料、表面处理和热处理要求；
（5）对关键尺寸进行尺寸链分析，保证名义尺寸和公差都满足设计要求。
6. 文件审核
（1）审核零件的材料选用和热处理方法是否合适，表面处理是否符合要求；
（2）核对所有联系尺寸和配合特征是否正确；
（3）检查外购件的选型是否合适；
（4）检查设计文件（包括装配图、物料清单、零件图等）是否齐全。
7. 文件鉴定
锅炉、气瓶、氧舱、客运索道、大型游乐设施设计完毕后，将设计文件提交至经负责特种设备安全监督管理的部门核准的检验机构进行鉴定。
8. 发图生产
（1）确保文件存档完全并做好相关记录；
（2）确保后序工作环节都收到所需文件，如采购、加工、装配、调试等环节。
9. 验收整改
（1）锅炉、压力容器、压力管道元件等特种设备的制造过程，向特种设备检验机构申请制造监督检验，由特种设备检验机构按照安全技术规范的要求进行监督检验；未经监督检验或者监督检验不合格的，不得出厂。其他特种设备出厂前必须经制造单位自检合格。
（2）初验收完成后，根据客户要求对设备做出改进。
（3）档案管理部门负责将相关资料归档</td></tr>
<tr><td>7</td><td>质量要求</td><td>1. 收集资料要及时和齐全；
2. 将资料汇编成册时，装订要符合档案管理要求；
3. 下一环节监督上一环节的工作质量</td></tr>
<tr><td colspan="3">注：本作业指导书为特种设备设计工作通用版本，仅供参考。</td></tr>
</table>

1.2　特种设备制造质量和安全控制作业指导书

特种设备制造质量和安全控制作业指导书见表 1–2。

表1–2　特种设备制造质量和安全控制作业指导书

序号	项目	内容
1	目的	明确对影响特种设备制造质量和安全的各环节因素进行控制的方法和步骤，确保产品质量满足客户和安全生产要求
2	适用范围	适用于特种设备制造过程各环节的质量和安全控制工作
3	职责	1. 生产制造部负责生产计划的制定、修改、调整，并对计划的正常实施进行监督；负责文明生产管理、标识管理。 2. 生产车间按生产计划组织生产；负责制品管理和标识管理，负责对特殊过程进行监视和测量。 3. 技术部负责对技术或工艺文件进行有效控制，保证现场使用的文件是有效版本；负责产品生产过程的工艺策划，识别需要控制的过程并组织鉴定。 4. 设备安全部负责对设备进行维护保养，保证设备能力满足过程要求，保证设备正常、安全运行；对生产过程中人员的不安全行为进行检查，并责令改正。 5. 生产制造部、生产车间负责对工作环境进行控制。 6. 质检部按产品测量和监控程序的规定，对加工的半成品、成品进行检验和试验；按监视和测量装置控制程序的规定，对监视和测量装置进行控制；对关键过程、特殊过程的监视和测量装置实行重点管理。 7. 行政人事部按人力资源控制程序的规定，对上岗人员进行管理。 8. 供应营销部负责对服务提供进行控制，以保证服务提供在受控条件下进行
4	制定依据	1.《中华人民共和国特种设备安全法》； 2.《特种设备安全监察条例》； 3. TSG 07—2019《特种设备生产和充装单位许可规则》； 4. 有关技术规范和标准
5	工作步骤	1. 工作程序 （1）获得规定特种设备特性的信息和文件。 （2）根据特种设备设计和开发的输出文件，实现过程策划的输出和要求的评审输出等，获得必要的生产和服务信息。 （3）对关键过程、特殊过程编制作业指导书（工艺守则），如：必要时编制的作业文件。 （4）生产作业计划 a）生产制造部根据获得的生产信息，结合库存情况和生产车间的生产能力编制生产计划，经批准后发至相关科室、生产车间，作为采购、生产的依据； b）生产车间负责人按生产计划安排生产，向库房领取所需物资。

表 1–2（续）

序号	项目	内容
5	工作步骤	2. 生产过程控制要求 （1）技术部负责对技术或工艺文件进行有效控制，保证现场使用的文件是有效版本；负责产品生产过程的工艺策划，识别需要控制的关键过程、特殊过程并组织鉴定。根据生产需要，组织编写关键过程、特殊过程所必需的工艺规程（作业指导书、工艺守则等）。确因工艺、技术、检验设备能力等达不到设计要求的工序，相关部门应提出设计更改申请，按设计和开发控制程序进行更改。 （2）使用合适的生产设施。设备安全部按设施和工作环境控制程序的规定对生产设施进行控制，保证生产设施处于正常工作状态。 （3）生产车间、技术部对各工序使用的工艺装备进行管理，保证工艺装备处于正常工作状态。 （4）对生产和服务过程进行监控，配置适用的监视和测量装置。质检部按监视和测量装置控制程序规定进行管理，保证监视和测量装置处于正常工作状态。 （5）安排适宜的工作环境。生产制造部、生产车间按设施和工作环境控制程序规定对工作环境进行管理，确保各作业场所环境整洁，有适当的安全标志，通道畅通，各类物品在定置区域内堆放整齐。 （6）生产过程中的测量和监控按首检、巡检、工序完工检和自检、专检规定。 质检部按产品测量和监控程序规定，负责生产过程中的首检、巡检、工序完工检、成品入库检验，确保不合格的产品不流转 / 入库。 （7）生产、检验过程中发现的不合格品，按不合格品控制程序及检验和试验状态控制程序的规定进行处理。 （8）生产人员上岗前要经过培训，并通过在职培训强化其工作技能和质量意识。行政人事部按人力资源控制程序规定对上岗人员进行管理。 （9）生产车间负责人确保生产条件（人员、设备、工艺装备、监视和测量装置、材料、作业方法、作业环境等）设定状态与相应规定一致，不一致时应进行相应处理。 （10）生产车间负责人负责管理人员进行安全、文明生产，正确使用和操作设备、工艺装备等，对工件轻拿轻放，不野蛮作业。 （11）生产过程中发生的异常质量问题应反映给生产现场负责人，生产现场负责人应及时向相关主管部门反映。相关主管部门应根据情况及时采取纠正或预防措施。 3. 关键过程 （1）关键过程的设置原则 a）对特种设备的最终性能、可靠性等方面有直接影响的过程； b）对特种设备质量特性形成起决定作用的过程； c）工艺难度大，质量较易波动或问题发生较多的过程。 （2）关键过程的控制 a）技术部确定关键过程，并在工艺文件上做出明显标识（关键过程应作为质量控制点）。 b）应对关键过程的作业人员进行培训，培训合格后方可上岗。

表 1–2（续）

序号	项目	内容
5	工作步骤	4. 特殊过程 （1）特殊过程的设置原则 a）特种设备质量不能通过后续的测量、检验加以验证的过程； b）特种设备质量需进行破坏性试验或采用复杂、昂贵的方法才能测量或只能进行间接控制的过程； c）特种设备仅在交付使用后，不合格的质量特性才能暴露出来的过程。 （2）特殊过程的控制与确认 a）特殊过程的控制包括以下内容： ——技术部负责确定特殊过程，并在工艺文件上做明显标识。 ——特殊过程使用的设备应按规定进行维护保养，每半年进行 1 次；特殊过程使用的工艺装备应按规定进行检查，每季度进行 1 次。 ——特殊过程的操作工人必须经过培训，考核合格并取得上岗证后方可上岗。 ——特殊过程应编制作业指导书（工艺守则），操作工人必须按作业指导书（工艺守则）规定的方法进行作业，并填写生产过程记录。 ——特殊过程投入作业前，要得到确认。确认由技术部组织生产制造部、设备安全部、质检部、行政人事部、企业质量办公室、生产车间共同进行。 b）特殊过程的确认包括以下内容： ——特殊过程涉及的设备、工艺装备是否通过验收，并定期进行检查和必要的保养； ——特殊过程的作业人员是否持证上岗； ——特殊过程是否编制了作业指导书（工艺守则）； ——特殊过程使用的材料是否经过检验或确认； ——特殊过程的环境是否符合要求。 c）特殊过程确认后应由副总经理批准。 （3）特殊过程的再确认 发生下列情况时，应对特殊过程进行再确认： a）特殊过程发生重大问题时； b）影响特殊过程的因素发生变化时（如过程参数变更，设备、工艺装备进行了大修等）； c）质量管理体系有要求时。 5. 生产过程的监视和测量 （1）生产车间按作业指导书（工艺守则）的要求对特殊过程进行监视和测量，并做好记录。 （2）设立检验工序，对过程质量进行监视和测量。在过程的适当位置设立检验工序，特种设备制造单位检验员根据作业指导书（工艺守则）的要求对处于检验工序的特种设备进行检验，以此来监视过程质量。 （3）巡回监视和测量。特种设备制造单位检验员对生产过程进行巡回检查，观察生产车间操作工人是否按作业指导书（工艺守则）规定的方法进行作业，设备、工艺装备、量具是否处于受控状态，并对有疑点的工序进行抽检。特种设备制造单位检验员应将发现的问题通知生产车间操作工人，必要时通知生产车间负责人，以便调整生产过程。

表 1–2（续）

<table>
<tr><th>序号</th><th>项目</th><th>内容</th></tr>
<tr><td>5</td><td>工作步骤</td><td>（4）生产车间对进行过程的监视和测量时发现的重大或异常质量问题，应按质量改进要求采取纠正或预防措施。
（5）特种设备制造单位检验员对过程的监视和测量应按规定做好记录。
（6）锅炉、压力容器、压力管道元件等特种设备的制造过程，在自检合格的基础上，由特种设备检验机构按照安全技术规范的要求进行监督检验；未经监督检验或者监督检验不合格的，不得出厂或者交付使用。
6. 支持性文件
（1）文件控制程序；
（2）不合格品控制程序；
（3）纠正措施控制程序；
（4）预防措施控制程序；
（5）人力资源控制程序；
（6）设施和工作环境控制程序；
（7）设计和开发控制程序；
（8）监视和测量装置控制程序；
（9）产品测量和监控程序；
（10）作业指导书（工艺守则）。
7. 记录
（1）生产计划；
（2）领料单；
（3）跟踪卡；
（4）合格证；
（5）进货验证记录；
（6）首检记录；
（7）巡检记录；
（8）半成品检验记录；
（9）成品检验记录；
（10）人员培训记录；
（11）特殊过程操作记录；
（12）关键过程、特殊过程确认记录</td></tr>
<tr><td>6</td><td>质量要求</td><td>下一环节监督上一环节的工作质量</td></tr>
<tr><td colspan="3">注：本作业指导书为特种设备制造质量和安全控制工作通用版本，仅供参考。</td></tr>
</table>

1.3　特种设备采购作业指导书

特种设备采购作业指导书见表 1–3。

表1–3　特种设备采购作业指导书

序号	项目	内容
1	目的	使采购单位正确选购满足工艺要求且符合国家规定的特种设备或其受压元部件
2	适用范围	适用于特种设备或其受压元部件的采购工作
3	职责	1. 生产部门：制定并审批采购计划。 2. 采购部门：根据生产部门下达的采购计划确定订购数量、交货期，审核采购合同，跟进采购进度。 3. 品质部门：提供检验标准或进行质量检查
4	采购要求及注意事项	1. 采购国内外生产的承压类特种设备及其受压元部件，生产单位必须持有我国市场监督管理部门颁发的特种设备生产许可证。特种设备生产单位是否持有生产许可证，可登录“全国特种设备公示信息查询平台”并输入生产单位相关信息进行查询和核实。 2. 采购国内生产的机电类特种设备，生产单位必须持有我国市场监督管理部门颁发的特种设备生产许可证；进口境外机电类特种设备及其部件，应采购已通过型式试验或者在投入使用前有可能通过型式试验的。 3. 进口特种设备，应当向进口地负责特种设备安全监督管理的部门履行提前告知义务。 4. 采购过程各环节必须符合本单位物品采购、财务管理、廉政防腐等有关要求
5	采购步骤	1. 设计部门或生产部门等提出采购要求。 2. 采购部门根据设计部门或生产部门等提出的采购要求拟定招投标方案；采购金额不大的，拟定供应方。 3. 发放标书。 4. 按单位规定组织有关人员开标并确定供应方；采购金额不大的，按单位规定组织有关人员讨论并确定供应方。 5. 签订正式采购合同。 6. 所采购的特种设备办理入库时，必须附有安全技术规范要求的设计文件、产品质量合格证明、安装及使用维修说明、监督检验证明等文件，否则不予办理入库。 7. 特种设备及其受压元部件入库后，应在 3 天内将随机资料归档
6	质量要求	1. 必须按合同约定的时间和质量要求交货； 2. 下一环节监督上一环节的工作质量
注：本作业指导书为特种设备采购工作通用版本，仅供参考。		

1.4 特种设备安装、改造、修理作业指导书

特种设备安装、改造、修理作业指导书见表1–4。

表1–4 特种设备、改造、修理作业指导书

序号	项目	内容
1	目的	明确特种设备安装、改造、修理的方法和步骤，保证安装、改造、修理的规范实施和施工安全
2	适用范围	适用于特种设备的安装、改造、修理工作
3	职责	特种设备安装、改造、修理涉及的所有工作人员按有关技术规范和标准的要求，以及安装、改造、修理图纸进行施工，并保证施工安全
4	制定依据	1.《中华人民共和国特种设备安全法》; 2.《特种设备安全监察条例》; 3. 特种设备安装、改造、修理图纸; 4. 特种设备有关工程施工及验收规范; 5. 有关技术规范和标准
5	作业条件	1. 技术准备 特种设备安装、改造、修理前应具备以下证书或技术文件，并向施工人员进行技术交底: （1）出厂合格证书; （2）各种试验和检验报告; （3）安装、改造、修理平面布置图、安装图、基础图、总装配图、主要部件图和安装使用说明书及电气连接图; （4）供货清单; （5）制定安装、改造、修理方案，且经单位负责人审核批准。 2. 在特种设备安装、改造、修理前，安装、改造、修理单位必须到当地特种设备安全监督管理部门办理开工告知手续。 3. 施工现场及机具要求 （1）施工现场具备“三通一平”的条件; （2）施工平面布置、施工设施已完备; （3）运输、消防道路畅通; （4）有必备的消防器材; （5）吊装用机索、吊具及设备安装、改造、修理用机具已准备就绪; （6）有必要的安全施工值班人员
6	工艺方法、技术参数及作业流程	1. 凭当地特种设备安装、改造、修理告知回执，向当地法定特种设备检验机构申请安装、改造、修理监督检验。 2. 特种设备安装、改造、修理施工通用程序见附录1。 3. 施工工艺方法 （1）特种设备的验收 a）设备的开箱检验应由建设单位代表、监理代表及业主有关人员参加，按照装箱清单和图纸进行清点、验收，并做好设备清点、验收记录。

表 1–4（续）

序号	项目	内容
6	工艺方法、技术参数及作业流程	b）设备的验收包括以下内容： ——交付安装的设备及附件必须符合设计要求，并附有出厂合格证书及制造图纸等技术文件。 ——对照装箱清单及制造图纸，清点和检查设备的编号、箱数及包装情况，设备的名称、类别、型号及规格，设备的外形尺寸及管口方位、规格、数量等，核对设备部件、内件及附件的规格、尺寸、数量等，检查缺件、损坏、变形及锈蚀状况，并做好记录及签证。 ——设备应运送至现场的适当地点，并注意放置方向，减少二次搬运，必须不妨碍交通及其他工程的施工，选好适当支承点，垫上枕木；易损件及零部件应拆除，进行专门保管；管孔、人孔、仪表、管口等应封闭；防锈漆脱落处应及时补刷。 （2）特种设备基础的验收及处理 a）设备安装前必须进行基础（包括其他预制构件）交接验收，验收合格后方可进行设备的安装。 b）基础交接验收时，应有施工质量合格证书、基础测量记录及其他施工技术资料。基础上应明显地画出标高基准线、基础的纵横中心线；相应的建筑（构筑）物上应标有坐标轴线；重型设备的基础应有沉降观测点。 c）对基础进行外观检查，不得有裂纹、蜂窝、空洞、露筋等缺陷。 d）根据土建基础图和设备的技术文件，对基础的尺寸及位置进行复测检查，基础各部分的尺寸及位置的偏差数值不得超过其允许偏差。 e）基础混凝土强度应达到设计要求，周围土方应回填、夯实整平，地脚螺栓的螺纹部分应无损坏及锈蚀。 f）设备安装前应对基础进行如下处理： ——需要二次灌浆的基础表面，应铲出麻面，麻点的深度一般不小于 10mm，密度以每平方分米内有 3 ～ 5 个点为宜，表面不得有油污或疏松层。 ——放置垫铁处（至周边 10 ～ 20mm）的基础表面应铲平，水平度偏差为 2mm/m。 ——预留地脚螺栓孔内的碎石、泥土等杂物和积水必须清除干净。 （3）特种设备安装、改造、修理施工工艺 a）静止设备垫铁的布置及选用 ——每个地脚螺栓两侧各放置一组垫铁，垫铁组应尽量靠近地脚螺栓。 ——相邻两组垫铁的间距视设备底座的刚性程度确定，一般为 500mm 左右。 ——有加强筋的设备底座，垫铁应布置在加强筋的下方。 ——斜垫铁应配对使用，与平垫铁组成垫铁组时，一般不超过 4 层。垫铁的高度一般为 30 ～ 70mm。 ——两斜垫铁间的搭接长度应不小于全长的 3/4，偏斜角度应不超过 3°。斜垫铁下面应有平垫铁，平垫铁的厚度应不小于 2mm。 ——每一组垫铁应放置整齐且平稳，接触良好；垫铁表面的油污等应清除干净；设备找平后，各组垫铁均应被压紧，可用 0.25kg 的手锤逐组轻击，听音检查。 ——设备找正并检查合格后应随即在垫铁组的两侧进行层间点焊固定，垫铁与设备底座之间不得焊接；安装在金属结构上的塔找正后，其垫铁与金属结构应焊牢，但用带孔垫铁时可不焊接。

表 1-4（续）

序号	项目	内容
6	工艺方法、技术参数及作业流程	——垫铁的厚度可根据实际情况确定，底层平垫铁的厚度一般不小于 2mm。 ——斜垫铁可与同号或大一号平垫铁搭配使用。 b）地脚螺栓的埋设 ——放置在预留孔内的地脚螺栓的光杆部分应无油和氧化皮，螺纹部分应涂少量油脂。 ——地脚螺栓的铅垂度的允许偏差不得超过螺栓长度的 5‰。 ——地脚螺栓不应碰底，螺栓任一部位离孔壁的距离不得小于 15mm。 ——螺母与垫圈、垫圈与设备底座间的接触应良好。 ——拧紧螺母后，螺栓必须露出螺母两个螺距。 c）设备的就位、找平与找正 ——特种设备的吊装必须编制吊装施工方案或吊装施工技术措施，并经过审批。 ——设备定位时，应按基础上的安装基准线，对应设备上的基准点进行调整和测量。 ——有坡度要求的卧式设备，应按坡度要求进行施工；无坡度要求的卧式设备，水平度宜偏向设备的排泄方向，水平度的偏差应符合技术文件规定。 d）设备本体及其附属构件安装、改造、修理 ——设备的附属构件包括设备的平台、斜梯、支架等，其现场的组装和制造应符合特种设备有关施工验收标准。 ——视镜等在清理接触面后进行固定时，要均匀地紧固螺栓，以免玻璃破裂。 ——设备内件安装应按设备安装、改造、修理说明书或内件装配图进行。内件安装前，可放置在施工现场保管，但要防止变形、损坏、腐蚀等情况发生，应保持现场清洁，不影响其他工程施工。易损、易失零部件，应按类别和规格做好标记后，存放在库房保管。 ——人孔及人孔盖的密封面及设备底管口应采取保护措施，避免砸坏或者堵塞；搬运和安装零部件时，要轻拿轻放，以防碰撞、损坏。 ——施工人员携带必要的工具在设备内安装、改造、修理时，工具要编号；安装、改造、修理完毕后，按编号清点工具，不得将工具等遗忘在设备内。 ——涉及焊接作业时，要提供焊接工艺评定，项目部要确定母材及焊条型号、拟采用的焊接方法，提前与技术部门联系，以保证焊接工艺评定能及时提供。 ——涉及受限空间、动火作业，应办理许可后方可进行作业。 e）设备的清洗与封闭 设备安装、改造、修理完毕后，均应进行清扫，清除内部的铁锈、泥砂、灰尘、木块、边角料和焊条头等杂物。对无法进行人工清扫的设备，可用蒸汽或压缩空气吹扫，但吹扫后必须及时除去水分；对因受热膨胀可能影响安装精度及损坏构件的塔，不得用蒸汽吹扫。清扫检查合格后，及时进行封闭，并填写清扫、检查、封闭记录。 4. 监督检验 在自检合格的基础上，向当地法定特种设备检验机构申请安装、改造、修理监督检验。 5. 试运转 （1）每台特种设备安装、改造、修理竣工前，应进行试运转。试运转前，应对设备及其附属装置进行全面检查，符合要求后，方可进行试运转。设备试运转前须具备下列条件：

表 1–4（续）

序号	项目	内容
6	工艺方法、技术参数及作业流程	a）主机及附属设备的就位、找平、找正、检查及调整等安装工作全部结束，并有齐全的安装记录； b）二次灌浆达到设计强度要求，基础抹面工作已结束； c）与试运转有关的工艺管道及设备具备使用条件； d）保温、防腐等工作已基本结束； e）与试运转有关的水、气、汽等公共工程及电气、仪表系统满足使用要求； f）润滑系统应畅通，油压、油量和油温均应保持在规定范围内，并无不正常现象； g）安全联锁保护装置和调压、调速、换向等各种操纵装置应灵活可靠，执行机构的推动力、行程和速度应符合设计要求。 （2）试运转的准备工作如下： a）在有关人员参加的情况下，审查安装记录，审定试运转方案及确认试运转流程； b）试运转现场应有必要的消防设施和防护用具，设备上不利于安全操作的外露转动部位应装设安全罩； c）设备的入口处应装设过滤网； d）各系统的阀门和机构等动作应进行数次试验，确保达到正确、灵活和可靠的效果。 （3）试运转应符合下列要求： a）设备试运转所用的介质应按设计要求；当设计无要求时，宜用清洁水。 b）设备启动前，应重点检查设备的电气、仪表系统，安全联锁保护装置的动作是否灵活、可靠。 c）试运转过程中重点检查下列项目： ——有无异常噪声、响声等。 ——轴承温度应符合设备的技术文件或规范的规定。滚动轴承的温升一般应不超过 60℃，其最高温度一般应不超过 85℃。 ——其他主要部位的温度及各系统的压力、电流、电压、流量等参数是否在规定范围内。 ——按轴向、垂直、水平三个方向对承体进行测量，其振动值应符合要求。 ——检查设备各紧固部位有无松动现象。 ——如有异常现象应立即停机检查、处理。 （4）试运转结束后，应及时完成下列工作： a）断开电源及其他动力来源； b）卸掉各系统中的压力及负荷（包括排水、放空、排污等）； c）检查各紧固部件； d）拆除临时管道及设施，将正式管道复位； e）整理试运转记录，并出具试运转报告
7	安全技术措施及注意事项	1. 起重、吊装安全防范措施 （1）起重设备（包括汽车吊、卷扬机等）必须有设备合格证及准用证。 （2）吊装工具（包括钢丝绳、吊装带、卡环等）必须经过专门检验，牢固可靠，必须根据吊装件重量不同选择不同规格的吊装工具，且必须保证吊装时的安全系数。

表 1-4（续）

序号	项目	内容
7	安全技术措施及注意事项	（3）专业施工人员（包括起重工、吊车司机、卷扬机操作工等）必须有专业操作资格，且具有一定的实际操作经验。施工前必须对各专业施工人员进行安全素质教育，提高其安全生产意识。施工过程中定期召开安全会议。 （4）起重、吊装等高处作业，应按规定设置安全措施，防止高处坠落。 （5）吊装前应检查安全装置，包括超高限位器、力矩限制器、臂杆幅度指示器及吊钩保险装置，确定其均符合要求。 2. 工件搬运过程中的安全防范措施 （1）搬运过程必须由起重工专门负责，其余人员听从起重工的指挥。 （2）设备尽量单件搬运，以防止设备滑落。现场条件不允许单件搬运时，必须采取可靠的加固措施。 （3）起吊搬运件时，必须有专人监督，严格执行起重工操作规程。 3. 高空作业及“四口”“五临边”安全防范措施 （1）平台扶梯及栏杆应随工程进行而及时安装和固定，焊接必须全面，严禁只进行点焊。临时操作平台应设护栏。 （2）高空用焊接吊篮焊缝应饱满，吊篮应牢固，吊篮在吊装位置固定应采用电焊形式。 （3）高空作业所携带工具必须有防坠安全绳，并系于作业人员腰间。高空作业产生的废料必须有防止坠落措施，且必须及时清理，严禁高空抛物。 （4）高空作业使用的脚手架必须搭设牢固，使用前必须认真检查。高空作业上下用的爬梯应焊接牢固，接头处用软铁丝多匝固定于支撑梁上。 （5）对水平空洞短边长度大于 2.5cm，竖向空洞高度大于 75cm 的空洞口要进行防护，每处防护都要严密、牢固。 4. 个人安全防范措施 （1）遵守安全管理制度，遵守操作规程，杜绝任何违章现象； （2）正确使用建筑施工“三宝”，进入施工现场必须正确佩戴安全帽，高空作业必须系好安全带，作业空间必须设置安全网（含护栏）； （3）严禁疲劳施工及酒后上班；高血压、恐高症人员不允许高空作业。 5. 春季施工安全防范措施 （1）雨后钢材表面不晾干不得进行高空作业和启动用电设备；雷雨天不得进行室外作业，以防发生触电事故。 （2）大风天不允许高空作业及吊装作业；不允许在施工现场随意动火。 6. 施工现场用电安全防范措施 （1）施工现场用电一律由专业电工进行接线操作，严禁私拉乱接。 （2）施工现场用电必须符合“三级配电、两级保护”和“一机、一闸、一箱、一漏”的要求。 （3）架空线路必须采用绝缘铝线和绝缘铜线，不得有老化、破损现象。电缆干线应采用埋地或架空敷设，严禁沿地面明敷，并应避免机械伤害和介质腐蚀。电缆线路应采用五芯电缆，不准使用四芯电缆外加一根线缆代替五芯电缆。 （4）配电箱开关箱内的开关电器应按其规定位置紧固在电器安装板上，不得歪斜和松动，不准使用破损、不合格的电器。各种开关电器的额定值应与其控制的用电设备的额定值相适应。不准用其他金属丝代替熔丝。

表 1-4（续）

序号	项目	内容
7	安全技术措施及注意事项	（5）照明装置一般情况下采用 220V 电压，下列情况下应使用安全电压： a）室外灯具距地面小于 3m，室内灯具距地面小于 2.4m 时，应采用 36V 电压； b）使用行灯时，电源电压不超过 36V； c）在潮湿环境中和易触及带电体的场所，电源电压不得大于 24V； d）在特别潮湿环境中，金属容器内工作照明电压不得大于 12V； e）灯具金属外壳应做接零保护。 （6）外电线路防护必须符合《施工现场临时用电安全技术规范》的要求，临时现场供电必须采用 TN-S 系统。 7. 环境保护和职业健康安全 （1）环境目标：噪声排放达标；现场无扬尘和运输遗洒；生产及生活污水排放达标；最大限度防止施工现场火灾及爆炸的发生；实现固体废弃物分类管理；提高回收利用率；节约办公纸张，保护森林资源；最大限度节约水电能源资源。 （2）职业健康安全目标：杜绝重大伤亡事故；轻伤事故频率控制在 1‰以内；最大限度防止职业病的发生。 （3）施工废料及时清运、回收，按指定地点存放，做到“工完、料净、场地清”。 （4）尽量选用低噪声或有消声降噪设备的施工机械。 （5）禁止随意倾倒挥发性油、酸、碱等液体。 （6）禁止燃烧废油漆、涂料、电线电缆皮等有毒有害物质。 （7）安装过程中产生的废料应分类定点存放并挂标志牌。 （8）焊条头全部回收
8	质量检验及评定	1. 质量检验及评定按照特种设备安装、改造、修理工程质量有关检验评定标准的规定执行。 2. 质量检查的控制方法和手段按施工单位工程质量管理作业指导书和项目部工程质量管理办法的规定和要求执行。 3. 施工单位和监理单位分别自检合格后，施工单位向法定特种设备检验机构申请安装、改造、修理监督检验。新装设备检验合格后，提示使用单位在使用前或使用后 30 日内到特种设备安全监督管理部门办理使用登记证
9	资料归档	特种设备验收合格后，施工单位应及时将特种设备的使用说明书、产品合格证、型式试验报告、安装工程的合同、设计图纸、安全技术资料及检验合格报告、竣工报告整理成册，施工单位、监理单位和使用单位至少各存档一份完整的资料备查
注：本作业指导书为各类特种设备安装、改造、修理工作基本程序和要求通用版本，仅供参考。		

1.5 特种设备使用、修理与保养作业指导书

特种设备使用、修理与保养作业指导书见表1–5。

表1–5 特种设备使用、修理与保养作业指导书

序号	项目	内容
1	目的	加强特种设备的安全管理，保证特种设备的正常运行，防止和减少事故发生
2	适用范围	适用于特种设备的使用、修理、保养、监督检查及管理工作
3	职责	1. 按特种设备有关技术规范和标准的安全要求，制定特种设备使用、修理、保养、监督检查及管理的安全操作规程、安全管理规章制度，建立单位内部各类特种设备台账； 2. 负责特种设备的备件计划申报、使用、修理、保养等工作； 3. 负责编制特种设备的定期检（维）修计划，保证特种设备的在线安全运行； 4. 负责申请特种设备的定期检验； 5. 负责特种设备的安全运行，及时消除事故隐患； 6. 负责参与、配合特种设备事故的调查，查找事故原因，提出解决措施
4	制定依据	1.《中华人民共和国特种设备安全法》； 2.《特种设备安全监察条例》； 3.《特种设备现场安全监督检查规则》； 4. TSG 08—2017《特种设备使用管理规则》； 5. 有关技术规范和标准
5	作业规定	1. 特种设备使用前，使用单位必须制定安全操作规程、岗位常规检查、专业检查、定期修理与保养、定期报检和事故应急预案等特种设备安全使用管理制度。 2. 锅炉［包括水（介）质化验］、压力容器、压力管道、电梯、起重机械（包括司索与指挥）、客运索道、大型游乐设施、场（厂）内专用机动车辆的特种设备作业人员及相关管理人员，必须按规定取得相应的特种设备作业人员操作证书，方可从事相应的作业或者管理工作（不需持证上岗的除外）。 3. 使用单位对在线运行的特种设备应当每月至少进行1次专业检查，做好检查记录，并对检查出的问题进行整改。使用单位对特种设备进行岗位常规检查和日常维护保养时发现异常情况的，必须及时处理，形成闭环。 4. 对在线运行的特种设备，使用单位应当针对其运行状况、使用周期做出详细的定期修理计划。对特种设备的安全附件、安全保护装置、测量调控装置及附属仪器仪表，应当依据检验周期进行定期校验、修理，并在特种设备台账上做好校验、维修记录。 5. 使用单位必须建立特种设备安全技术档案。安全技术档案应当包括以下内容： （1）特种设备的设计文件、出厂随机技术资料、产品质量合格证明以及安装、修理、改造技术文件和资料； （2）特种设备台账及使用登记证；

表 1–5（续）

<table>
<tr><th>序号</th><th>项目</th><th>内容</th></tr>
<tr><td>5</td><td>作业规定</td><td>（3）作业人员台账及操作证；
（4）特种设备的定期检验报告；
（5）设备故障处理记录；
（6）设备修理记录；
（7）设备保养记录；
（8）特种设备的安全附件、安全保护装置、测量调控装置及附属仪器仪表的定期检验证明记录；
（9）特种设备的日常使用状况检查记录；
（10）作业人员安全学习和培训记录；
（11）特种设备事故演练记录；
（12）特种设备事故处理记录</td></tr>
<tr><td>6</td><td>使用、维修与保养内容</td><td>1. 锅炉
（1）锅炉正常运行过程中的维护保养
a）定期检查水位指示器阀门、管道、法兰等是否渗漏。
b）保持燃烧器清洁，系统调节灵活。
c）定期清除锅筒内部水垢，并用清水清洗。
d）对锅炉内外进行检查，如受压部分的焊缝、钢板内外有无腐蚀现象。如发现有严重缺陷，则应及早修理；如缺陷并不严重，则亦可留到下次停炉时修理；如发现可疑之处但并不影响安全生产时，则应做出记录以便日后参考。
e）必要时将外面的罩壳、保温层等卸下，以便彻底检查。如发现严重损坏部分，则必须修妥后方可继续使用，同时将检查及修理情况填入锅炉安全技术登记簿。
（2）锅炉长期不使用的保养方法分干保养法和湿保养法两种。停炉 1 个月以上应采用干保养法，停炉 1 个月以内可采用湿保养法。
a）干保养法
锅炉停炉后放掉炉水，将内部污垢彻底清除，冲洗干净，然后用冷风（压缩空气）吹干，再将 10 ～ 30mm 的块状生石灰分盘装好，放置在锅筒内，每立方米锅筒放置 8kg 生石灰，不使生石灰与金属接触，最后将所有人孔、手孔、管道阀门关闭，每 3 个月检查 1 次。如生石灰碎成粉状，则应立即更换，锅炉重新运行时应将生石灰盘取出。
b）湿保养法
锅炉停炉后放掉炉水，将内部污垢彻底清除，冲洗干净，重新注入已处理的水至全满。将炉水加热至 100℃，使水中的气体排出炉外，然后关闭所有阀门。气候寒冷的地方不可采用此法，以免炉水结冰，损坏锅炉。
（3）受压元件的检验和水压试验
a）锅炉有下列情况之一时，应对受压元件进行检验和进行水压试验：
——新装、改装和移装后；
——停止运行 1 年以上，需要恢复运行时；
——受压元件经重大修理后；
——根据锅炉运行情况，对设备状态有怀疑，必须进行检验时。</td></tr>
</table>

表 1-5（续）

<table>
<tr><th>序号</th><th>项目</th><th>内容</th></tr>
<tr><td>6</td><td>使用、修理与保养内容</td><td>b）检验前应使锅炉完全停炉，彻底清除内部水垢、外部烟灰，必要时撤除炉墙外面的罩壳和保温层。检验要点如下：
——锅筒内各处撑钢拉撑件焊缝有无开裂；
——锅筒的各处角焊缝有无开裂，有无渗漏现象；
——锅炉钢板内外有无腐蚀、起槽、变形等现象；
——烟管有无弯曲，烟管管端与管板胀接处有无裂纹；
——给水管、排污管与锅筒连接处有无缺陷；
——前后管板有无严重的磨损现象。
不得用水压试验的方法确定锅炉的工作压力。如腐蚀严重，则做超压试验前还应进行强度核算。
c）水压试验压力：当锅炉本体工作压力 p<0.8MPa 时，试验压力为 1.5p，但不小于 0.2MPa；当锅炉本体工作压力 p 为 0.8 ～ 1.6MPa 时，试验压力为 p+0.4MPa。
d）水压试验步骤如下：
——进行水压试验时，进水温度应保持为 20 ～ 50℃。温度过低易使锅炉外壁凝有露水，从而与发生渗漏等不严密情况混淆不清，增加检查困难；温度过高易引起不均匀的胀缩而使胀口松弛，且外表温度太高会使水滴蒸发，致使渗漏处不易被发现。
——注水时，应使水压缓慢上升，速度不超过 0.015MPa/min。当水压达到工作压力时应进行一次严密性检查。必要时可降压至常压后拧紧螺栓，然后再升压到试验压力保持 20min，若压力无下降，则降压至工作压力后进行严密性检查。
——水压试验过程中发现的任何渗漏都应做好标记，放完水后进行返修，并做好记录。
——降压应缓慢，速度不超过 0.3MPa/min。
e）水压试验安全措施及注意事项：严禁在压力超过 0.4MPa 时紧固法兰螺栓；在进行水压试验时应有特别标记，以免在人多嘈杂的情况下发生危险；不得在锅炉有压力时站在焊口法兰及阀门的正前方；锅炉在试验压力下的维护时间禁止超过 20min。
f）符合下列情况时，可认为水压试验合格：
——受压元件金属壁和焊缝上没有任何水珠和水雾；
——水压试验后，肉眼观察没有残余变形；
——附件密封处在水压降至工作压力后无漏水现象。
2. 压力容器
（1）气体充装、快开门压力容器操作人员必须取得中华人民共和国特种设备作业人员证后方能从事相应工作。
（2）操作人员开启压力容器阀门时，严禁用力过大，应侧身站位，并且缓慢开启。
（3）操作人员必须严格按照压力容器安全操作规程进行操作。
（4）对压力容器进行维修时，要严格执行维修作业方案，并依据公司的危险作业审批手续，办理进入受限空间作业、动火作业许可后方可进行作业。</td></tr>
</table>

表 1-5（续）

序号	项目	内容
6	使用、修理与保养内容	（5）维修压力容器时所更换的零部件必须是符合技术规范和标准的合格产品，产品合格证、产品质量合格证明等必须齐全。 （6）压力容器内部有压力时，不得对容器进行任何维修工作。 （7）在压力容器维修过程中，压力容器的操作工、相关的安全管理人员、设备点检员、能源工程师必须全过程参加，并对维修过程进行指导与督察。 3. 气瓶的使用、储存与运输 （1）使用的气瓶必须由持有特种设备制造许可证的单位制造，监督检验标记齐全。 （2）氧气瓶的颜色为天蓝色，瓶身上有黑色“氧”字样；乙炔瓶的颜色为白色，瓶身上有红色“乙炔”字样。 （3）气瓶的瓶阀与瓶体表面不得有油脂。 （4）运输气瓶时，运输工具上必须设有明显安全标志和备有灭火器材；瓶内气体相互接触能引起燃烧、爆炸、化学反应的气瓶不得同车运输，气瓶必须轻装轻卸。 （5）气瓶吊装应采用防滑落的专用器具，瓶内气体相互接触能引起燃烧、爆炸、化学反应的气瓶不得同时进行吊装。 （6）气瓶贮存场所应通风、干燥，避免阳光照射，空、实瓶必须分室放置，配有足够的灭火器材。 （7）气瓶的瓶帽、防震圈、回火设施等安全装置必须齐全有效；进行气割作业时，气瓶应距明火 10m 以上；严禁用明火或沸水对气瓶进行烘烤和预热；严禁在气瓶上进行电焊引弧。 （8）瓶内气体不得用尽，要留有 0.05MPa 的剩余压力。 4. 压力管道 （1）经常检查压力管道的防护措施，保证其完好无损，减少管道表面腐蚀。 （2）阀门的操作机构要经常除锈上油，定期进行操作，保证其操纵灵活。 （3）安全阀和压力表要经常擦拭，确保其灵敏准确，并按时进行校验。 （4）定期检查紧固螺栓的完好状况，做到齐全、无锈蚀、丝扣完整、连接可靠。 （5）注意管道的振动情况，发现异常振动应采取隔断振源、加强支撑等减振措施，发现摩擦应及时采取措施。 （6）静电跨接、接地装置要保持良好、完整，发现损坏应及时修复。 （7）停用的压力管道应排出内部介质，并进行置换、清洗和干燥，必要时采用惰性气体保护。管道外表面应进行油漆防护，需要保温的管道注意保温材料完好。 （8）检查管道和支架接触处等容易发生腐蚀和磨损的部位，发现问题应及时采取措施。 （9）及时消除管道系统存在的跑、冒、滴、漏现象。 （10）对高温管道，在升温过程中需对管道法兰连接螺栓进行热紧；对低温管道，在降温过程中需对其进行冷紧。 （11）禁止将管道及支架作为电焊零线和其他工具的锚点、撬抬重物的支撑点。 （12）配合压力管道检验人员对管道进行定期检验。 （13）对生产流程的重要部位的压力管道，穿越公路、桥梁、铁路、河流、居民点的压力管道，输送易燃、易爆、有毒和腐蚀性介质的压力管道，工作条件苛刻的压力管道，存在交变载荷的压力管道应重点进行维护和检查。

表 1-5（续）

序号	项目	内容
6	使用、修理与保养内容	（14）当操作过程中遇到下列情况时，应立即采取紧急措施并及时报告有关管理部门和管理人员： a）介质压力、温度超过允许的范围且采取措施后仍不见效； b）管道及组成件发生裂纹、鼓瘪变形、泄漏； c）压力管道发生冻堵； d）压力管道出现异常振动、响声，危及安全运行； e）安全保护装置失效； f）发生火灾事故且直接威胁正常安全运行； g）压力管道的阀门及监控装置失灵，危及安全运行。 （15）长期停用的压力管道在重新投入使用前应进行检查和检验，合格后方可使用。 5. 电梯 （1）电梯的日常维护保养必须由取得许可的安装、改造、修理单位或者电梯制造单位进行，应保证电梯的安全性能，并做好现场安全防护措施，保证施工安全。 （2）电梯的检验合格证、警示标志、安全注意事项应置于易于被乘客注意的显著位置。应当至少每 15 日对电梯进行一次清洁、润滑、调整和检查。 （3）每 3 个月对较重要的机械和电气设备进行一次细致的检查、调整和维修。 （4）每年组织有关人员进行一次技术检查，检查所有机械和电气设备、安全设施的工作状况，修理、更换磨损严重的零部件。 （5）根据电梯使用情况，可在 3 ～ 5 年内对电梯进行一次全面的拆卸清洗检修。 （6）根据电梯运行性能确定大修期限。 （7）每年检查一次电气设备的金属外壳接地或接零装置，接地电阻应小于 4Ω。 （8）每年检查一次电气设备的绝缘电阻，绝缘电阻不得小于每伏 1000Ω。 （9）将发生的故障、检查的经过、维修的过程做详细的记录。 （10）电梯正常工作条件应符合电梯技术规范的有关规定。 （11）机房与水箱和烟道隔离，机房内应当干燥，通风良好，机房顶应有保温层，寒冷地区应考虑采暖，并有充分的照明（照明电源与控制线路分别敷设）。机房温度不宜过高。 （12）井道内除规定的电梯设备外，不得存放杂物。 （13）机房和井道需保证没有雨水侵入的可能，去机房的通道中不得有障碍物。 （14）用于清洁的物品、油泥抹布等易燃品，必须随时清理，并贮存在金属容器内。 6. 起重机械 （1）起重机械操作人员交接班时应对制动器、吊钩、钢丝绳和安全联锁保护、报警等装置进行检查确认。发现设备异常时，应及时报告作业长并通知维修人员进行处理，设备异常处理完毕后，方可进行操作。 （2）起重机械操作人员必须严格执行岗位安全操作规程和“十不吊”原则，严禁违章操作、指挥。 （3）起重机械明显部位要有清晰的金属标牌（起重机名称、型号、起重量、设备编号等）和安全警示标志。

表 1–5（续）

序号	项目	内容
6	使用、修理与保养内容	（4）露天起重机械应防护良好，无锈蚀。电气设备要有防雨设施，要有完好的防风装置（夹轨装置、锚定装置）。司机离车时必须将起重机用夹轨器夹好。 （5）使用单位必须严格执行起重机械的维修保养制度，明确维修保养者的责任，按照设备给油脂标准，定时、定质、定量、定点、定人对设备进行润滑保养。 （6）使用单位必须执行起重机械专业、常规检查制度，发现有异常情况时，必须及时处理，严禁带故障运行。 a）每年对在用起重机械至少进行一次全面检查。必要时对承载类起重机械进行型式载荷试验，并按额定速度起升、回落、运行等过程的安全技术性能要求进行检查。 b）每月至少进行一次下列检查：动力装置、传动和制动系统、润滑和冷却系统、控制电路与电器元件、备用电源等是否正常；绳索、链条及吊辅具等有无超标的损伤等。 c）每日至少进行一次下列检查：大、小车运行是否正常，有无异常的振动或噪声，制动、限位等操作指令是否有效，联锁开关是否完好，钢丝绳、吊具有无异常的损坏。 （7）起重机械进行维修时，要严格执行维修作业方案，并依据公司的危险作业审批手续，办理高空作业、吊装作业许可后方可进行作业。 7. 客运索道 （1）索道机电设备的修理通常分为大、中、小修 3 类（索道电气设备除电动机外，只分大、小修两类）。 （2）须在保证机电设备能在因零件磨损而发生故障之前得到及时更换的前提下确定检修周期的长短。 （3）索道机电设备的检修周期，要根据索道的负荷大小、班次、运行的频繁程度来确定。一般来说，客运索道的检修可以参考以下周期： a）小修间隔期为 6 个月左右； b）中修间隔期为 1 年左右； c）大修间隔期为 2 ～ 5 年。 （4）大修的全部工作内容应记入大修专用记录簿中。 （5）临时检修 a）对新购或由它处调来的长时间停运后恢复使用的设备以及设备在运行过程中突然出现不正常情况时，应进行临时检修。 b）在各种检查中，发现设备有严重缺陷或者设备发生事故后，都应进行临时检修。临时检修的工作内容应记入临时检修簿。 （6）对关键部件，应重点采取预防检修、维护、保养措施，设置关键质量控制点，一旦发生接近临界状态的情况，应立即停止使用，强行报废。 （7）对重要部件，应采取预防检修、维护、保养措施，设置重点质量控制点，一旦发生超出临界状态的情况，应立即检修或更换。 （8）对一般部件，应采取常规检修、维护、保养措施，一旦发现控制点超出要求，应根据实际情况适时维修。

表 1-5（续）

序号	项目	内容
6	使用、修理与保养内容	8. 大型游乐设施 （1）运营使用单位购置的游乐设施应有国家市场监督管理总局颁发的特种设备制造许可证、《特种设备设计文件鉴定报告（A 级、B 级）》和《特种设备型式试验报告（A 级、B 级、C 级）》。 （2）维护保养单位应按照 TSG 07—2019《特种设备生产和充装单位许可规则》规定取得特种设备安装、改造、修理许可证。 （3）安全管理人员和维修作业人员应按照 TSG Z6001—2019《特种设备作业人员考核规则》的要求，经特种设备安全监督管理部门考核合格，取得特种设备作业人员证书。 （4）维护保养作业人员应严格按照有关标准及制造单位使用维护说明书的规定进行维护保养。 （5）维护保养作业人员应将维护保养情况进行记录。 （6）安全管理人员及维护保养作业人员发现设备存在安全隐患但不能及时处理的，应及时报告有关管理部门；不能保证安全运行的，应立即停止运行。 （7）游乐设施制造（安装）单位的质量保证期服务不能代替游乐设施的维护保养。 （8）游乐园（场）安全和服务质量应符合 GB/T 16767《游乐园（场）服务质量》的规定。 （9）当出现天气恶劣、设备故障及停电，或者有可能危及人身及设备安全等紧急情况时，运营使用单位应按照 GB 8408—2018《大型游乐设施安全规范》规定采取应急措施或停止运营。 （10）运营使用单位不允许将大型游乐设施的维护保养工作以任何形式委托给无游乐设施维护保养资格的单位。 （11）大型游乐设施进行维护保养时，现场作业人员不得少于两人；作业过程中应做好现场安全防护措施。 （12）大型游乐设施的维护保养应有记录，记录应包括设备名称、设备编号、维护保养的日期和人员、维护保养的内容、发现的问题与处理意见等，运营使用单位保存维护保养记录的时间应不少于 3 年。 （13）当运营使用单位委托具有游乐设施维护保养资格的单位进行游乐设施维护保养时，双方应签订维护保养合同，维护保养合同的主要内容应符合有关标准的规定。 （14）运营使用单位应根据游乐设施日常维护保养、故障修理、设备运营安全监视的需要配备一定数量的监视和测量设备，满足游乐设施日常运营安全管理的需要。 （15）运营使用单位应对监视和测量设备进行定期校验、校准。 （16）大型游乐设施应安装视频监控设备，监控范围应覆盖该台设备所有运行状况及操作人员所有作业过程。监控摄像头分辨率应符合相应规定，且每 30 日进行一次维护保养，并做好记录。监控录像应至少保存 30 日。 （17）移动式游乐设施在首次投入使用前，应按照相关规定到所在地的地、市级以上（含地、市级）特种设备安全监察机构办理告知手续。 （18）异地需要重新安装的移动式游乐设施在异地安装后，运营使用单位应按《中华人民共和国特种设备安全法》的要求向法定特种设备检验检测机构申请监督检验。

表 1-5（续）

序号	项目	内容
6	使用、修理与保养内容	（19）移动式游乐设施新到注册地时，应到所在地的地、市级以上（含地、市级）特种设备安全监察机构办理登记手续；离开备案地时，应到备案的特种设备安全监察机构办理注销登记手续。 （20）游乐设施进行维护保养时，运营使用单位应将安全注意事项和警示标志置于易于被乘客注意的显著位置。 （21）游乐设施的修理和改造应由取得相应许可证的单位实施。重大修理和改造前，运营使用单位应配合修理和改造单位向当地游乐设施安全监察管理部门办理告知手续；修理和改造过程中，运营使用单位应提供工装条件、安全防护措施等，并指定专人做好现场安全工作；修理和改造结束后，运营使用单位应将有效的设备自检报告、监督检验报告和无损检测报告等文件资料存档。同时应将所检验的游乐设施资料送达法定特种设备检验检测机构进行资料审查，并提出监督检验申请。 （22）对在用游乐设施，运营使用单位应按照安全管理制度做好定期检验计划，完成设备全面自检工作，并在检验合格有效期届满前 1 个月，向法定特种设备检验检测机构提出定期检验申请。 （23）建议运营使用单位为每台设备购买商业保险或为乘客购买公众责任险。 （24）大型游乐设施安全管理人员应对所管辖设施进行巡查，每日不得少于 2 次；应对维护保养单位的大型游乐设施维护保养记录进行监督或抽查，并签字确认，各类记录均应存档；应有至少一名安全管理人员在岗。 （25）运营使用单位应当配备满足安全运营要求的持证操作人员，并加强对服务人员的岗前培训教育，使其掌握基本的应急技能。 （26）在游乐设施运营过程中，操作人员应严格执行操作规程、操作人员守则。 a）控制柜应由专人操作、维护，非操作人员严禁操作。 b）游乐设施每日投入运营前，应进行相应的例行安全检查和试运行，设备试运行应无任何异常，做好日检与试运行记录。日检项目按照日常安全检查制度的规定和该台设备日检表的内容执行，并详细准确记录。 c）每次运行前，操作人员应及时向游客讲解安全注意事项，并对安全压杠、安全带、座舱锁紧装置等安全装置逐一再次检查确认。同时如实记录设备的运行情况及乘坐人员的数量。 d）在设备运行过程中，操作人员要密切注意游客情况，及时制止游客的危险行为。当发现异常情况时，应立即停止运行，并向现场安全管理人员报告，采取疏散游客措施，必要时应启动应急救援预案。严禁操作人员擅自离岗和发生与工作无关的行为（如看报、打电话）。 e）操作人员交接班时，要求清楚、详尽、准确、迅速交接，并按照交接记录规定的内容进行交接。 f）严禁操作人员在饮酒或服用相关药物后操作大型游乐设施。 （27）运营使用单位自行进行维护保养的，相关工作人员应对所管辖大型游乐设施进行日检、月检、季检和年检，并填写相关记录，记录应存档。 （28）运营使用单位应认真统计大型游乐设施使用过程中的故障，并填写记录，按要求向特种设备安全监督管理部门提交。 （29）运营使用单位每年度至少进行一次自检，自检应在特种设备检验检测机构进行定期检验之前进行。

表 1–5（续）

<table>
<tr><th>序号</th><th>项目</th><th>内容</th></tr>
<tr><td>6</td><td>使用、修理与保养内容</td><td>（30）运营使用单位自行进行维护保养的，应设置专门的维护保养班组，持证人员不得少于两人，应有专门的管理人员和维护保养作业人员。
（31）在维护保养过程中，发现事故隐患应及时告知安全管理人员和单位负责人；发现严重事故隐患应及时向当地特种设备安全监察机构报告。
（32）运营使用单位应建立游乐设施技术档案，依据法律、法规、国家标准设置技术档案内容，并对技术档案的收集、建档、归档、整理、借阅审批、保管等事项进行全面管理。
（33）运营使用单位应依据法律、法规、国家标准、设备维护使用说明书制定游乐设施紧急事故处理和应急救援预案，建立应急救援指挥机构，配备救援人员、营救装备和急救物品。每台（套）设备每年至少进行一次实际演练；演练记录应存档，保存期限不应少于 3 年。
（34）运营使用单位应按照有关标准的规定建立并落实大型游乐设施维护保养的制度，明确维护保养的方法、程序和责任，对大型游乐设施定期进行维护保养。
（35）大型游乐设施定期维护保养包括日、月、季、年维护保养，保养项目、内容及要求见附录 2。
9. 场（厂）内专用机动车辆
（1）部门安全管理人员应每月对部门车辆进行两次检查，重点检查发动机，变速箱，螺杆空压机，液压、转向、制动、行走系统运行情况及油位、水位；空气滤芯是否干净，螺栓是否紧固，漏油是否严重，整机润滑与卫生状况是否良好，以及记录填写是否规范等情况，形成闭环管理。
（2）班组每周必须对所管辖车辆进行两次检查。
（3）操作人员在每天开机前后必须对照运行记录点检内容，仔细检查设备及周围环境。在确保设备完好，无各种安全隐患后，方可开机或操作。设备运行过程中、交接班、停机后应按同样要求进行检查。
（4）操作人员必须按照设备润滑卡片和易损件更换卡片的要求以及“五定”原则对设备进行保养，并做好记录。
（5）禁止使设备超负荷运转或野蛮操作。
（6）在设备发出报警提示或故障时，应立即停机检查，报警未消除或故障未得到解决时应谨慎开机或试运行。
（7）任何人员不得擅自调整、修改设备的各种参数及替换备品备件。
（8）操作人员应经常检查、调整、擦拭设备，使设备无松动，无积灰，无油污，始终保持良好的工作状况。
（9）设备正常使用未到大修期限进行大修的，按设备事故进行处理，上报审批时必须附有事故分析报告</td></tr>
<tr><td>7</td><td>质量要求</td><td>1. 定期按有关技术规范和标准进行维护保养；
2. 对维护保养过程中发现的问题及时跟踪处理，并形成闭环；
3. 下一环节监督上一环节的工作质量</td></tr>
<tr><td colspan="3">注 1：本作业指导书为各类特种设备使用、维修与保养工作通用版本，仅供参考。
注 2：本作业指导书中的“修理”，是指对设备运行过程中发现的一般性问题的修理，大、中修理按照 1.4 的规定进行。</td></tr>
</table>

1.6 特种设备安全隐患排查治理作业指导书

特种设备安全隐患排查治理作业指导书见表 1–6。

表1–6 特种设备安全隐患排查治理作业指导书

序号	项目	内容
1	目的	方便特种设备生产、经营和使用单位组织特种设备隐患排查和治理，消除事故隐患，有效防范和减少事故的发生，保证特种设备安全运行
2	适用范围	适用于特种设备生产、经营和使用单位组织特种设备隐患排查和治理工作
3	职责	1. 单位主要负责人对本单位特种设备事故隐患排查和治理工作全面负责，各分管负责人对分管业务范围内的特种设备事故隐患排查和治理工作负责。 2. 单位主要负责人依法履行特种设备隐患排查和治理工作的各项职责。 3. 单位分管负责人督促、检查特种设备隐患排查和治理制度落实情况。 4. 单位各级主要负责人和分管负责人负责组织本单位的特种设备安全检查，落实特种设备事故隐患排查的整改。所属专业部门、车间、班组负责本专业部门、车间、班组的特种设备安全检查及事故隐患的排查、评估、整改工作，并如实记录，及时向作业人员通报。作业人员依法履行特种设备隐患排查工作的报告和整改义务
4	制定依据	1.《中华人民共和国特种设备安全法》； 2.《特种设备安全监察条例》； 3.《特种设备现场安全监督检查规则》； 4. TSG 08—2017《特种设备使用管理规则》； 5. TSG 07—2019《特种设备生产和充装单位许可规则》； 6. DB37/T 2883—2016《生产安全事故隐患排查治理体系通则》； 7.《市场监管总局关于特种设备行政许可有关事项的公告》； 8. 有关技术规范和标准
5	基本要求	1. 特种设备隐患排查和治理应遵循全员参与、分级负责、重在落实的原则。从企业基层作业人员到最高管理层，都应当参与隐患排查和治理工作。 2. 特种设备隐患排查和治理体系应与企业现行安全管理体系紧密结合。企业应在安全标准化等安全管理体系的基础上，进一步改进隐患排查和治理制度，形成一体化的安全管理体系，使隐患排查和治理贯彻于生产活动全过程，成为企业各层级、各岗位日常工作的重要组成部分。 3. 建立和不断完善激励约束机制。企业应建立隐患排查和治理目标责任考核机制，明确每一个岗位都有排查隐患、落实治理措施的责任，同时应配套制定奖惩制度
6	隐患分级与分类	1. 分级 （1）基本要求 根据特种设备隐患整改、治理和排除的难度及其可能导致的事故后果和影响范围，分为一般事故隐患和重大事故隐患。 （2）一般事故隐患 危害和整改难度较小，发现后能够立即整改排除的隐患。

表 1-6（续）

<table>
<tr><th>序号</th><th>项目</th><th>内容</th></tr>
<tr><td>6</td><td>隐患分级与分类</td><td>（3）重大事故隐患
危害和整改难度较大，无法立即整改排除，需要全部或者局部停产停业，并经过一定时间的整改治理方能排除的隐患，或者因外部因素影响致使生产、经营单位自身难以排除的隐患。以下情形为重大事故隐患：
——违反法律、法规有关规定，整改时间长或可能造成较严重危害的；
——涉及重大危险源的；
——存在有火灾、爆炸、中毒等危险的场所，且作业人员在 10 人以上的；
——危害程度和整改难度较大，一定时间内得不到整改的；
——因外部因素影响致使生产、经营单位自身难以排除的；
——设区的市级以上负有安全监管职责部门认定的。
2. 分类
（1）基本要求
特种设备事故隐患分为生产现场类隐患和基础管理类隐患。
（2）生产现场类隐患
生产现场类隐患包括以下方面存在的问题或缺陷：
——特种设备生产、经营和使用等场所的环境；
——特种设备生产、经营和使用中各工种的作业行为；
——消防及应急设施；
——职业卫生防护设施；
——生产现场其他方面。
（3）基础管理类隐患
基础管理类隐患包括以下方面存在的问题或缺陷：
——特种设备生产单位资质证照；
——特种设备安全管理机构及人员；
——特种设备安全责任制度；
——特种设备安全管理制度；
——特种设备作业人员教育培训；
——特种设备安全生产管理档案；
——特种设备安全生产投入；
——特种设备应急管理；
——职业卫生基础管理；
——相关方特种设备安全管理；
——特种设备安全风险分级管控措施的有效性；
——基础管理其他方面</td></tr>
<tr><td>7</td><td>工作流程及要求</td><td>1. 编制排查项目清单
（1）基本要求
特种设备生产、经营和使用单位应依据确定的各类风险的全部控制措施和基础安全管理要求编制应排查的项目清单。排查项目清单包括生产现场类特种设备隐患排查清单（见附录 3）和基础管理类特种设备隐患排查清单（见附录 4）。</td></tr>
</table>

表 1–6（续）

序号	项目	内容
7	工作流程及要求	a）编制排查项目清单的主要依据如下： ——特种设备法律、法规、规章、标准及企业安全管理规章制度。 ——国内外事故案例和企业以往的事故情况。 ——生产危害因素辨识情况。 ——工作经验及可靠的参考资料。 ——有关研究成果、同行业或者类似行业检查表。 ——其他。 b）企业应定期对特种设备安全排查项目进行评审、修订和完善，并做好检查人员的培训工作。有下列情形时，应对排查项目进行修订： ——颁布实施新的特种设备法律、法规、标准规范或原有适用的法律、法规、标准规范重新修订。 ——设备、设施或现场作业环境等发生改变。 ——发生事故或对事故、事件有新的认识。 ——周边特种设备安全环境发生重大变化。 ——危害因素辨识结果有较大变动或识别出新的危害因素。 ——其他情况。 （2）生产现场类隐患排查清单 应依据风险分级管控体系中各风险点的控制措施和标准规范要求编制该排查单元的排查清单。至少应包括：与风险点对应的特种设备和作业名称、排查依据、排查内容、排查方法。 a）排查依据：《中华人民共和国特种设备安全法》《特种设备安全监察条例》《特种设备现场安全监督检查规则》、TSG 08—2017《特种设备使用管理规则》、TSG 07—2019《特种设备生产和充装单位许可规则》《市场监管总局关于特种设备行政许可有关事项的公告》等。 b）排查内容：违章操作；制造、安装、维修、改造、重大修理及锅炉清洗过程未经监督检验即销售或使用；安装明令淘汰、禁止制造、强制报废的特种设备及相关产品；使用未经定期检验或检验不合格的设备及其安全附件；充装非产权或超检验有效期的气瓶；特种设备出现故障或发生异常情况，未消除事故隐患继续使用；将非承压设备改为承压设备使用；使用无制造资质企业生产的特种设备。 c）排查方法：对照要求，逐一排查是否有缺项。排查方法包括询问、查阅资料、现场查看、现场测试和测量、收集举报投诉。 ——询问：询问企业负责人、技术人员，了解企业生产的产品、工艺流程、设备使用状况等，判断该企业大概有哪些设备，并确定检查线路，填写好现场检查记录表。 ——查阅资料：台账、记录、档案。 ——现场查看：一看二听三闻四摸五感受。“看”是指一看不安全行为，二看不安全状态；“听”是指一听设备、设施运行的异常声音，二听生产现场的噪声；“闻”是指闻生产现场气体的气味；“摸”是指用手接触检查设备；“感受”是指用身体感受设备运行场所的安全状况。

表 1-6（续）

序号	项目	内容
7	工作流程及要求	——现场测试和测量：对安全装置进行测试，如报警装置、安全阀、消火栓、限速器、应急灯等；对安全参数进行测量，如气体浓度、液体液位、温度、速度、距离、噪声等。 ——收集举报投诉：通过市民热线举报投诉等。 （3）基础管理类隐患排查清单 应依据基础管理相关内容要求，逐项编制排查清单。至少应包括：基础管理名称、排查依据、排查内容、排查方法。 a）排查依据：《中华人民共和国特种设备安全法》《特种设备安全监察条例》《特种设备现场安全监督检查规则》、TSG 08—2017《特种设备使用管理规则》、TSG 07—2019《特种设备生产和充装单位许可规则》等。 b）排查内容：组织机构保障责任、规章制度保障责任、物质资金保障责任、教育培训保障责任、安全管理保障责任、事故报告和应急救援责任落实情况。主要排查下列内容： ——未按规定设置特种设备安全管理机构或配备专职特种设备安全管理人员。 ——未按规定配备具有相应资格的安全管理人员、作业人员和检测人员，或者人员无证上岗。 ——无生产许可证或超许可范围生产。 ——涂改、倒卖、出租、出借生产许可证。 ——设计文件未经鉴定，即擅自用于制造。 ——安装、改造、修理单位施工前未将施工内容告知特种设备安全监督管理部门。 ——工程竣工且双方验收后 30 日内未将相关技术资料移交设备使用单位。 ——安装、改造、修理单位在未经法定检验机构检验合格前，未采取有效措施防止特种设备被他人使用。 ——特种设备投入使用前或投入使用后 30 日内，未向特种设备安全监督管理部门办理使用登记。 ——未按有关安全技术规范、标准和使用维护保养说明的要求对特种设备进行维护保养。 ——每日投用前未进行例行安全检查及试运行；未对安全装置进行检查确认。 ——未按安全技术规范的要求进行锅炉水（介）质处理。 ——未组织作业人员、安全管理人员进行安全教育和技能培训。 ——未将使用说明、安全注意事项和警示标志置于显著位置。 ——未建立安全技术档案或安全技术档案不符合规定要求。 ——未制定特种设备事故应急专项预案，或者有预案，但未按要求组织演练。 ——未在检验合格有效期届满前 1 个月按照安全技术规范的要求向特种设备检验机构提出定期检验要求并接受检验。 ——未按规定履行特种设备停用、启用手续。 ——发生特种设备事故时，不立即组织抢救，或者在事故处理期间擅离职守或者逃匿；对特种设备事故迟报、谎报或者瞒报。 c）排查方法：对照要求，逐一排查是否有缺项。排查方法包括询问、查阅资料、现场查看。

表 1–6（续）

<table>
<tr><th>序号</th><th>项目</th><th>内容</th></tr>
<tr><td>7</td><td>工作流程及要求</td><td>2. 确定排查项目
实施特种设备隐患排查前，应根据排查类型、人员数量、时间安排和季节特点，在排查项目清单中有针对性地选择并确定具体排查项目，作为隐患排查内容。隐患排查可分为生产现场类隐患排查和基础管理类隐患排查，两类隐患排查可同时进行。
3. 组织实施排查
（1）排查类型
排查类型主要包括日常隐患排查、综合性隐患排查、专业性隐患排查、专项或季节性隐患排查、专家诊断性检查和企业各级负责人履职检查等。事故类比隐患排查是对企业内和同类企业发生事故后的举一反三的安全检查。
a）日常隐患排查。由各级管理人员和岗位员工巡回检查。各级管理人员应在各自职责范围内进行检查；岗位员工按照各自岗位职责进行检查。
b）综合性隐患排查。由安全管理部门、各职能部门、班组组织本单位人员实施。公司级排查由企业安全生产委员会办公室组织实施，其他部门配合。
c）专业性隐患排查。由各专业职能管理部门的负责人组织本单位、本专业人员实施。
d）专项或季节性隐患排查。根据各地实际情况，有针对性地开展专项或季节性隐患排查，如：
——春季针对特种设备操作人员易发生春困的情况、个人情绪把控情况等进行排查。
——夏季进入汛期、高温天气和暑假，应排查防暑降温措施落实情况、操作人员个人情绪把控情况、电梯底坑进水情况、防山体滑坡情况、压力管道运行情况。
——秋季针对操作人员易发生秋乏的情况、个人情绪把控情况等进行排查。
——冬季排查雾天、降雪结冰天气及极端自然灾害天气应对措施的制定情况；取暖用锅炉的维修保养情况。
——节假日可以针对地铁、汽车站、景区等客流密集区进行检查；做好电梯、游乐设施等设备的排查。
上述仅为举例说明，特种设备隐患排查还应包括其他内容。
（2）排查要求
隐患排查应做到全面覆盖，责任到人，定期排查与日常管理相结合，专业排查与综合排查相结合，一般排查与重点排查相结合。
（3）组织级别
企业应根据自身组织架构确定不同的排查组织级别和频次。排查组织级别一般包括公司级、分公司级、车间级、班组级。
（4）治理建议
按照隐患排查和治理要求，各相关层级的部门和单位对照隐患排查清单进行隐患排查，填写隐患排查记录，建立生产现场类特种设备隐患排查台账（见附录 5）和基础管理类特种设备隐患排查台账（见附录 6）。根据排查出的隐患类别，提出治理建议，一般应包含：
——针对排查出的每项隐患，明确治理责任单位和主要责任人；
——经排查评估后，提出初步整改或处置建议；
——依据隐患治理难易程度或隐患严重程度，确定隐患治理期限。</td></tr>
</table>

表 1–6（续）

序号	项目	内容
7	工作流程及要求	4. 隐患治理 （1）隐患治理要求 隐患治理实行分级治理、分类实施的原则。主要包括岗位纠正、班组治理、车间治理、分公司治理、公司治理等。 隐患治理应做到方法科学、资金到位、治理及时有效、责任到人、按时完成。能立即整改的隐患，必须立即整改；无法立即整改的隐患，治理前要研究制定防范措施，落实监控责任，防止隐患发展为事故。 （2）隐患治理流程 隐患治理流程包括通报隐患信息、下发隐患整改通知、实施隐患治理、治理情况反馈、验收等环节。 隐患排查结束后，将隐患名称、存在位置、不符合状况、隐患等级、治理期限及治理措施要求等信息向操作工等作业人员进行通报。隐患排查组织单位应制发隐患整改通知，应对隐患整改责任单位、措施建议、完成期限等提出要求。隐患存在单位在实施隐患治理前应当对隐患存在的原因进行分析，并制定可靠的治理措施。隐患整改通知制发单位应当对隐患整改效果组织验收。 （3）一般事故隐患治理 对于一般事故隐患，根据隐患治理的分级，由企业各级负责人或者有关人员负责组织整改，整改情况要安排专人进行确认。 （4）重大事故隐患治理 经判定或评估属于重大事故隐患的，企业应当及时组织评估，并编制事故隐患评估报告书。评估报告书应当包括事故隐患的类别、影响范围和风险程度，以及对事故隐患的监控措施、治理方式、治理期限的建议等内容。 企业应根据评估报告书制定重大事故隐患治理方案。治理方案应当包括治理的目标和任务、采取的方法和措施、经费和物资的落实、负责治理的机构和人员、治理的时限和要求、防止整改期间发生事故的安全措施等主要内容。 （5）隐患治理验收 隐患治理完成后，应根据隐患级别组织相关人员对治理情况进行验收，实现闭环管理。重大事故隐患治理工作结束后，企业应当组织相关人员对治理情况进行复查评估。对政府督办的重大事故隐患，应按有关规定执行。 5. 隐患排查周期 （1）企业应根据法律、法规要求，合理确定公司级、分公司级、车间级、班组级开展日常、综合性、专业性、专项或季节性等类型隐患排查的周期。如：确定排查叉车驾驶员违法驾驶的时间和频次；确定排查电梯安全技术状况的时间和频次等。 （2）当获知同类企业发生特种设备伤亡事故及险情等时，应举一反三，及时针对类似隐患开展专项检查。 （3）发生以下情形之一时，应及时组织进行隐患排查： a）颁布实施新的特种设备法律、法规、标准规范或者原有适用的法律、法规、标准规范重新修订。 b）使用的特种设备或现场作业环境等发生重大改变。 c）发生特种设备事故或对特种设备事故、事件有新的认识。 d）特种设备运行周边环境发生重大变化。

表 1-6（续）

序号	项目	内容
7	工作流程及要求	e）危害因素辨识结果有较大变动或识别出新的危害因素。 f）气象条件发生大的变化或预报可能发生大的自然灾害（如台风）或突发事件。 g）其他情况
8	文件管理	企业在特种设备隐患排查和治理体系策划、实施及持续改进的过程中，应完整保存特种设备隐患排查和治理全过程的记录资料，并分类建档管理。资料至少应包括： （1）特种设备隐患排查和治理制度； （2）特种设备隐患排查和治理台账； （3）特种设备隐患排查项目清单等。 特种设备重大事故隐患排查、评估记录，隐患整改复查验收记录等应单独建档管理
9	隐患排查效果	通过特种设备隐患排查和治理体系的建设，企业应至少在以下方面有所改进： （1）特种设备风险控制措施全面持续有效； （2）特种设备风险管控能力得到加强和提升； （3）特种设备隐患排查和治理制度进一步完善； （4）各级排查责任得到进一步落实； （5）人员特种设备隐患排查水平进一步提高； （6）对特种设备隐患发生频率较高的风险重新进行评价、分级，并制定完善的控制措施； （7）特种设备安全事故明显减少； （8）职业健康管理水平进一步提升
10	持续改进	企业应定期对特种设备隐患排查和治理体系运行情况进行评审。企业应基于以下因素的存在来考虑特种设备隐患排查和治理体系评审频次，但每年应不少于 1 次。 （1）法律、法规及标准规范的变化或更新； （2）政府规范性文件提出新要求； （3）企业组织机构及安全管理机制发生变化； （4）企业自身提出更高要求； （5）特种设备事故（事件）、紧急情况或应急预案演练结果反馈的需求； （6）出现应当进行评审的其他情形。 评审的实施可结合企业安全生产委员会或安全领导机构会议进行，也可单独进行。建立职业健康安全管理体系或实施特种设备安全生产标准化的企业，也可结合职业健康安全管理体系的评审或实施特种设备安全生产标准化的评审进行。 评审结束后应当编制评审报告，企业应当根据评审报告要求对特种设备隐患排查和治理体系文件进行修订、完善和优化，确保特种设备隐患排查和治理效果

表 1-6（续）

序号	项目	内容
11	质量要求	1. 按一定的时间和频次开展排查； 2. 对排查过程中发现的问题及时跟踪处理，并形成闭环； 3. 排查和治理资料及时归档； 4. 下一环节监督上一环节的工作质量； 5. 有条件的企业，可开发特种设备隐患排查和治理系统，实行智能监管
注 1：特种设备隐患排查和治理的内容、方法和要求详见《基层特种设备安全监察简明手册》［中国质量标准出版传媒有限公司（中国标准出版社），2021 年 1 月第三次印刷］第 5 章。 注 2：本作业指导书为特种设备安全隐患排查和治理工作通用版本，仅供参考。		

1.7　特种设备风险分级管控作业指导书

特种设备风险分级管控作业指导书见表 1–7。

表1–7　特种设备风险分级管控作业指导书

序号	项目	内容
1	目的	方便特种设备生产、经营和使用单位进行特种设备风险分级管控
2	适用范围	适用于特种设备生产、经营和使用单位的特种设备风险分级管控工作
3	职责	1. 单位主要负责人对本单位特种设备风险分级管控工作全面负责，各分管负责人对分管业务范围内的特种设备风险分级管控工作负责。 2. 单位主要负责人依法履行特种设备风险分级管控工作的各项职责。 3. 单位分管负责人督促、检查特种设备风险分级管控制度落实情况。 4. 单位各级主要负责人和分管负责人负责本单位的特种设备风险分级管控工作，落实特种设备风险分级管控中问题的整改。所属专业部门、车间、班组负责本专业部门、车间、班组的特种设备风险分级管控和问题整改工作
4	制定依据	1.《中华人民共和国特种设备安全法》； 2.《特种设备安全监察条例》； 3. GB/T 24353—2009《风险管理　原则与实施指南》； 4. GB/T 27921—2011《风险管理　风险评估技术》； 5. GB/T 23694—2013《风险管理　术语》； 6. GB/T 26610—2011《承压设备系统基于风险的检验实施导则》； 7. GB/T 16856—2015《机械安全　风险评估　实施指南和方法举例》； 8. GB/T 45001—2020《职业健康安全管理体系　要求及使用指南》； 9. GB/T 13861—2009《生产过程危险和有害因素分类与代码》； 10. 有关技术规范和标准

表 1–7（续）

序号	项目	内容
5	术语和定义	1. 风险：特种设备事故发生的可能性和严重性的组合。可能性，是指事故（事件）发生的概率。严重性，是指事故（事件）一旦发生后，将造成的人员伤害和经济损失的严重程度。风险 = 可能性 × 严重性。 2. 风险源（风险来源）：具有引发风险的内在潜力的单独或组合元素，特指特种设备（本体、部位、部件）以及特种设备相关作业活动。 3. 风险因素：增加风险事故发生的频率或严重程度的任何事件。 4. 风险管理：为指导和控制风险组织的协调活动。 5. 风险辨识：发现、确认和描述风险的过程。 6. 风险等级：单一风险或组合风险的大小，以后果和可能性的组合来表示。 7. 风险应对：处理风险的过程，包括消除风险源、改变可能性、改变后果、慎重考虑后保留风险等。 8. 风险控制：处理风险的具体措施。 9. 固有风险：未进行风险应对的风险。 10. 剩余风险：风险应对之后仍然存在的风险，剩余风险可包括未识别的风险。 11. 可容许风险：按当今社会价值取向在一定范围内可以接受的风险。 12. 特种设备：国务院批准的《特种设备目录》范围内对人身和财产安全有较大危险性的锅炉、压力容器（含气瓶）、压力管道、电梯、起重机械、客运索道、大型游乐设施、场（厂）内专用机动车辆等。 13. 承压类特种设备：特种设备中的锅炉、压力容器（含气瓶）、压力管道及其附属的安全附件、安全保护装置和与安全保护装置相关的设施的统称。 14. 机电类特种设备：特种设备中的电梯、起重机械、客运索道、大型游乐设施和场（厂）内专用机动车辆及其附属的安全附件、安全保护装置和与安全保护装置相关的设施的统称。 15. 特种设备使用单位：具有特种设备使用管理权的单位或者具有完全民事行为能力的自然人。 16. 特种设备安全管理机构：特种设备使用单位中承担特种设备安全管理职责的内设机构。 17. 特种设备作业人员：特种设备的操作人员、安全管理人员及相关管理人员。 18. 特种设备安全管理负责人：特种设备使用单位最高管理层中主管本单位特种设备使用安全管理的人员。部门特种设备安全管理负责人是指特种设备使用部门主管特种设备使用安全管理的人员。 19. 特种设备安全管理员：具体负责特种设备使用安全管理的人员
6	制度要求	1. 建立、实施、保持和持续改进特种设备风险分级管控体系，建立相关制度，并形成文件，至少应包括以下内容： （1）设置风险管控体系建设组织机构； （2）明确风险管控各层级、人员的职责； （3）建立风险管控体系建设实施方案； （4）建立企业特种设备风险评估及控制制度； （5）建立风险管控体系建设奖惩管理制度； （6）建立人员的风险管控培训及考核制度。

表 1-7（续）

序号	项目	内容
6	制度要求	2. 机构设置及职责要求 根据实际情况和工作需要，以正式文件（红头文件 + 公章）形式明确特种设备风险分级管控工作的组织机构，明确其职责与任务。 3. 实施方案 制定风险分级管控实施方案，并在方案中明确工作分工、工作目标、实施步骤、工作任务、进度安排等。 4. 人员培训及考核制度 制定风险分级管控培训计划，并纳入年度安全培训计划，分层次、分阶段组织员工学习，使其掌握公司风险类别、风险辨识和风险评价的方法、风险评价结果、风险管控措施，并保留培训记录。 5. 风险管控目标责任考核制度 建立完善的风险管控目标责任考核制度，按照“全员、全过程、全方位”的原则，明确每一个岗位辨识风险、落实风险控制措施的责任，并通过评审、更新，不断完善风险分级管控体系
7	风险管控的步骤及内容	1. 风险管控流程 （1）风险辨识。包括风险源、事故（事件）以及事件（事故）的起因及潜在后果的确定。 （2）风险评估。对辨识出的风险进行风险评估，对风险源逐个进行分析，分析事故（事件）发生的可能性和后果的严重性，给出定性或定量值，确定风险等级。 （3）针对风险制定风险控制措施。 （4）对风险控制措施的有效性进行评估，确定最终的特种设备风险等级，并制定分级管控措施和落实管控措施的责任部门及人员。 （5）将特种设备的风险及风险控制措施告知内部员工和相关方。 （6）当特种设备及相关工艺发生变更时，应对变更的特种设备及相关工艺重新进行风险辨识。 2. 风险源（辨识单元）确定 特种设备使用单位应当以在用的单台（套）特种设备及其相关作业活动为辨识单元进行风险识别，按照全面排查、参照目录、分类明确、范围清晰、易于识别、便于管理的原则进行划分。 特种设备相关作业活动包括开停车、检（维）修、特殊作业（热氨融霜、装卸液体料等）。 特种设备相关作业活动涉及高危作业的，包括动火作业、受限空间作业、动土作业、吊装作业、高处作业、临时用电作业、盲板抽堵作业、断路作业、管线打开作业等，需单独针对高危作业进行风险识别并建立管控措施。 特种设备使用单位应建立特种设备风险源清单，包括特种设备清单和作业活动清单。 3. 风险辨识 （1）风险辨识的内容 采用适用的辨识方法，对发现的内部存在的特种设备风险进行确认和描述，并对辨识出的风险进行结构化的表述，通常包括四个要素：风险源、事件、原因和后果。

表 1–7（续）

<table>
<tr><th>序号</th><th>项目</th><th>内容</th></tr>
<tr><td>7</td><td>风险管控的步骤及内容</td><td>（2）风险辨识的方法
对于承压类特种设备，可参考 GB/T 26610.1—2011《承压设备系统基于风险的检验实施导则　第 1 部分：基本要求和实施程序》第 8 章开展风险辨识工作。
对于机电类特种设备，可参考 GB/T 16856—2015《机械安全　风险评估　实施指南和方法举例》5.3 开展风险辨识工作。
（3）风险评价
a）评价方法。承压类特种设备的风险评价可采用风险矩阵分析法（LS）进行，有条件时可采用 GB/T 26610.1—2011《承压设备系统基于风险的检验实施导则　第 1 部分：基本要求和实施程序》介绍的定性或定量方法进行承压类特种设备的风险计算及定级。
对于特种设备相关作业活动的风险评价，可参考作业条件危险性分析法（LEC）、风险程度分析法（MES）等进行。
b）风险判定准则。风险判定可划分为 3 个区域，即：不可接受区、尽可能降低区（ALARP）和可接受风险区。风险判定准则的制定应结合特种设备的安全管理要求，并同时充分考虑以下要求：
——有关安全生产的法律、法规、部门规章、安全技术规范、技术标准；
——本单位的安全管理标准、技术标准；
——本单位的安全生产方针和目标等；
——本单位的经济、技术情况；
——本单位的安全方面资金投入情况；
——相关方的诉求等。
可参考《危险化学品重大危险源监督管理暂行规定》附录中的可容许风险标准的规定，设定本单位的可接受风险和不可接受风险的限定值。
c）风险等级的确定。将风险评价得到的最高风险等级作为该风险源的风险等级。对于特种设备，需对特种设备的本体、部位、部件的风险进行排序，取最高风险作为该特种设备的风险，并确定其风险等级。对于特种设备相关作业活动，与特种设备一样，取作业活动风险中的最高风险为该作业活动的风险，并确定其风险等级。
d）重大风险确定原则。特种设备使用单位根据以下情形直接判定特种设备及相关作业活动的风险为重大风险，或根据使用情况增加重大风险的确定条件。
——违反法律、法规、安全技术规范及国家标准中强制性条款的；
——发生过死亡、重伤、职业病、重大财产损失事故，或者 3 次及以上轻伤、一般财产损失事故，且现在发生事故的条件依然存在的；
——涉及重大危险源的；
——存在有中毒、爆炸、火灾等危险的场所，且作业人员在 10 人以上的；
——经风险评价确定为最高等级风险的；
——与特种设备一级隐患相对应的管控措施失效所引发的风险；
——人口密集区、公共聚集场所的特种设备存在二级隐患的。
（4）风险控制措施
a）风险控制措施类别。风险控制措施包括工程技术措施、管理措施、培训教育措施、个体防护措施、应急处置措施。</td></tr>
</table>

表 1-7（续）

序号	项目	内容
7	风险管控的步骤及内容	b）风险控制措施确定的要求。在选择风险控制措施时应考虑可行性、安全性、可靠性、重点突出人的因素等原则。 c）风险控制措施具体内容。特种设备风险源的控制措施可包括报警、联锁、安全阀、液位、温度、压力等工艺设备本身带有的控制措施和检查、检验等常规的管理措施；相关作业活动风险源的控制措施可包括作业制度完备性、管理流程合理性、作业环境可控性、作业对象完好状态及作业人员素质等方面。 d）风险控制措施的评估。风险控制措施评估需包括以下内容： ——对于具体的风险，现有的控制措施是什么？ ——控制措施是否足以应对风险，是否可以将风险控制在可接受水平？ ——控制措施是否以预定方式正常运行，并且有效？ 风险控制措施实施后，需对当前特种设备或相关作业活动的风险进行再评估，确定当前的风险级别。 4. 风险分级管控 （1）风险分级 风险可划分为重大风险、较大风险、一般风险和低风险，分别用红、橙、黄、蓝四种颜色标示，并实施分级管控。 （2）风险分级管控的要求 根据风险分级管控的基本原则，结合机构设置情况，合理确定各级风险的管控层级。单位是风险管控的主体，应将每个风险源的管控责任按照风险等级逐级落实到各管控层级。风险分级及管控要求见附录 7。 风险分级管控应遵循风险等级越高管控层级越高的原则，对于操作难度大、技术含量高、风险等级高、可能导致严重后果的风险源，应重点进行管控。上一级负责管控的风险，下一级必须同时负责管控，并逐级落实具体措施。 （3）编制风险分级管控清单 应在每一轮风险辨识和评价后，编制包括全部风险源的各类风险信息汇总表及风险分级管控清单。 5. 风险告知 将特种设备的风险等级及风险控制措施告知内部员工和相关方，告知可采用人员培训教育、制作风险告知卡、设置警示牌、编制风险小册子等方式进行。可通过培训方式使内部员工或相关方了解特种设备存在哪些风险，需采取哪些管控措施等
8	文件管理	应完整保存风险分级管控过程的记录资料，并分类建档管理。资料至少应包括风险分级管控制度、风险源清单、风险辨识与风险评价表，以及风险分级管控清单等内容。涉及重大风险时，风险辨识、评价过程记录，风险控制措施及其实施，改进记录等应单独建档管理
9	分级管控的效果	通过风险分级管控体系建设，应至少在以下方面得到改进： （1）每一轮风险辨识和评价后，原有控制措施应得到改进，或者通过增加新的控制措施提高安全可靠性； （2）重大风险的警示标志得到保持和改善； （3）涉及重大风险的特种设备、相关作业活动应建立专人监护制度； （4）员工对本岗位风险有更充分的认识，安全技能和应急处置能力进一步加强；

表 1-7（续）

序号	项目	内容
9	分级管控的效果	（5）保证风险控制措施持续有效的制度得到改进和完善，风险管控能力得到加强； （6）根据改进的风险控制措施，完善风险分级管控清单，使风险分级管控工作更有针对性，保证风险始终处于可接受水平
10	持续改进	1. 检查评审。每年至少对风险分级管控体系进行一次系统性评审或更新。 2. 更新。根据特种设备使用状况定期开展风险管控工作，并更新特种设备风险信息。 3. 沟通。建立不同职能和层级间的内部沟通和用于与相关方的外部风险管控沟通机制，及时有效传递风险信息，提高风险管控效果和效率
11	质量要求	1. 分级要准确； 2. 管控要到位； 3. 定期更新分级； 4. 下一环节监督上一环节的工作质量
注：本作业指导书为特种设备风险分级管控工作通用版本，仅供参考。		

1.8　特种设备生产、经营、检验检测和使用档案管理作业指导书

特种设备生产、经营、检验检测和使用单位需归档的资料范围主要包括：

a）重要的会议材料，包括会议通知、会议报告、会议决议、会议总结、典型发言、会议记录等；

b）对外的正式发文、与有关单位来往的文书，含生产、检验和检测许可或核准申请资料及换许可证资料；

c）各种工作计划、总结、报告、请示、批复、统计报表及简报；

d）生产、检验和检测设计图纸，设备或材料采购、生产方案，工艺、过程记录，问题处理记录，使用说明，出厂资料等；

e）出厂资料包括设备安装、修理、改造图纸，施工方案、过程记录，运行和演练记录，设备本体及其安全附件检验（定）报告；

f）与有关单位签订的合同、协议书等文件材料；

g）员工劳动、工资、福利方面的文件材料；

h）大事记及反映重要活动的剪报、照片、录音、录像等。

特种设备生产、经营、检验检测和使用资料归档的依据、工作步骤、归档形式和质量要求等，与特种设备安全监察档案管理相似，可参考 6.3。

第二部分
特种设备检验检测

第2章　特种设备检验指南

2.1　特种设备型式试验指南

指南制定目的：方便有型式试验需求者了解特种设备型式试验的程序和要求，以便做好准备工作，顺利通过型式试验；规范检验机构试验工作。

指南适用对象：境内或境外特种设备制造单位，新材料、新技术、新工艺研发单位，检验机构。

特种设备型式试验指南见表 2–1。

表2–1　特种设备型式试验指南

序号	项目	内容
1	型式试验目的	验证新材料、新工艺、新产品能否满足技术规范的全部要求
2	型式试验对象	1. 特种设备采用的与安全技术规范的要求不一致，或者安全技术规范未作要求，可能对安全性能有重大影响的新材料、新技术、新工艺。 2. 特种设备产品、部件或者试制的特种设备新产品、新部件以及特种设备采用的新材料。 3. 有下列情况之一的，必须进行型式试验： （1）制造单位首次制造或者境外制造在境内首次投入使用的； （2）产品主要参数超出适用范围的； （3）产品型式试验要求中规定的产品配置发生变更的； （4）出现其他影响产品安全性能，国家市场监督管理总局提出型式试验要求的
3	工作内容	对新材料、新技术、新工艺，特种设备产品、部件或者试制的特种设备新产品、新部件进行型式试验
4	受理方式	网上申请或窗口申请
5	办理结果	特种设备型式试验报告
6	受理机构	具有相应资质的特种设备检验机构
7	办理地址、办理时间、联系电话	受理机构的办理地址、办理时间及联系电话见其网站

表 2-1（续）

序号	项目	内容
8	结果送达	通过电话、网上公告等方式将型式试验结果通知或告知申请单位，并通过窗口领取、代理人送达、委托送达、公告送达、邮寄送达等方式将结果送达
9	办理时限	通常在15个工作日内向申请单位出具《特种设备型式试验报告》，具体办理时限以各受理机构公开承诺的时限为准
10	监督和投诉渠道	通过现场、电话、传真、信函的方式向申请地市场监督管理局监察室提出
11	办理依据	《中华人民共和国特种设备安全法》 第十六条　特种设备采用新材料、新技术、新工艺，与安全技术规范的要求不一致，或者安全技术规范未作要求、可能对安全性能有重大影响的，应当向国务院负责特种设备安全监督管理的部门申报，由国务院负责特种设备安全监督管理的部门及时委托安全技术咨询机构或者相关专业机构进行技术评审，评审结果经国务院负责特种设备安全监督管理的部门批准，方可投入生产、使用。 国务院负责特种设备安全监督管理的部门应当将允许使用的新材料、新技术、新工艺的有关技术要求，及时纳入安全技术规范。 第二十条　…… 特种设备产品、部件或者试制的特种设备新产品、新部件以及特种设备采用的新材料，按照安全技术规范的要求需要通过型式试验进行安全性验证的，应当经负责特种设备安全监督管理的部门核准的检验机构进行型式试验
12	型式试验依据	1.《中华人民共和国特种设备安全法》; 2.《特种设备安全监察条例》; 3. TSG RF001—2009《气瓶附件安全技术监察规程》; 4. TSG R7002—2009《气瓶型式试验规则》; 5. TSG D7002—2006《压力管道元件型式试验规则》; 6. TSG T7007—2016《电梯型式试验规则》; 7.《起重机械型式试验规程（试行）》; 8. TSG Q7001—2006《起重机械制造监督检验规则》; 9. TSG Q7002—2019《起重机型式试验规则》; 10. TSG S7003—2005《客运索道型式试验规则》; 11. TSG S7004—2005《客运拖牵索道型式试验细则》; 12. TSG S7005—2005《客运索道部件型式试验细则》; 13. 相关国家标准或备案过的企业标准
13	受理条件	1. 申请人一般为行政区域内的注册企业； 2. 申请人企业资质有效
14	申请材料	1. 境内或境外制造单位特种设备型式试验 （1）《特种设备型式试验申请单》（见附录8）Word版本及扫描件（申请单位盖章）。 （2）制造单位经营资格证明文件扫描件。

表 2–1（续）

序号	项目	内容
14	申请材料	（3）境外制造单位在境内授权代理机构的经营资格和授权证明文件。 （4）制造单位的特种设备制造许可证原件和扫描件（如有）。 （5）《行政许可申请受理决定书》原件和扫描件（如有）。 （6）特种设备安装地的省级特种设备安全监察机构的同意书（型式试验在使用现场进行的，需提供此文件。申请单位在取得型式试验同意约请函后，向特种设备安装地的省级市场监督管理局提出书面申请）。 （7）《特种设备安装改造修理告知书》原件和扫描件（型式试验在使用现场进行的，需提供此文件）。 申请特种设备安全保护装置和主要部件型式试验的，仅需按照上述（1）～（3）提供材料。 对于申请变更《特种设备型式试验报告》和特种设备型式试验证书中申请单位和境外制造单位名称或地址的，申请单位应当及时持相应的证明材料向检验机构提出变更申请，经检验机构确认后，在《特种设备型式试验报告》变更情况页上注明变更情况，同时回收原特种设备型式试验证书并换发新证书。 2. 新材料、新技术、新工艺型式试验 （1）《特种设备型式试验申请单》； （2）新材料、新技术、新工艺的材质证明书，结构和工艺图纸，工作原理图，自行试验方案和报告等
15	办理流程	1. 申请 境内制造单位或境外制造单位在境内的授权代理机构（以下统称申请单位）向检验机构提出申请；特种设备新材料、新技术、新工艺研发单位（以下统称申请单位）向检验机构提出申请。 2. 资料核查 申请单位按照所申请型式试验样机（样品）的品种，对应相关型式试验规则要求提供技术文件。 3. 受理 检验机构收到申请单位提交的申请资料后，应对资料进行确认。检验机构通常在 10 个工作日内决定是否接受申请，同时予以书面回复。申请单位提交资料不全的，检验机构应一次性告知申请单位需要补正的全部内容。 4. 收费 申请单位与检验机构协商填写《检测委托书》，申请单位按其中的要求缴纳检测费。 5. 现场试验 （1）检验机构通常应在接受申请后 7 个工作日内制定试验计划，由本次试验负责人与申请单位协商确定试验日期及有关事项。 （2）在进行型式试验前，申请单位应当对样机（样品）进行全面试验验证，确认样机（样品）的安全可靠性，并符合相关安全技术规范的要求，对样机（样品）相关资料的真实性负责。 型式试验应当具备下列条件： a）整机试验时，样机（样品）工作场所的温度、湿度和供电系统电压等环境条件应当符合产品标准相关规定。试验现场应整洁，无影响试验的物品、设施，并放置表明现场正在进行试验的警示牌。

表 2–1（续）

序号	项目	内容
15	办理流程	b）新材料、新技术、新工艺、安全保护装置或者主要部件试验时，试验场所的温度、湿度和供电系统电压等环境条件应当符合有关标准的相关规定。 c）整机试验时，申请单位应委派相关专业人员到试验现场配合试验工作。 d）对于不具备试验条件或者继续试验可能造成安全和健康损害时，试验人员应当终止试验且书面说明原因。 （3）型式试验出现不合格项目时，按照以下要求处理： a）样机（样品）试验项目出现不合格时，判定为不合格；其他项目出现不合格时，按 b）项处理。 b）样机（样品）其他项目出现不合格时，在 6 个月内完成整改并经复检符合相关要求的，判定为合格；超过 6 个月未完成整改或者整改后经复检仍不符合相关要求的，判定为不合格。 当型式试验出现不合格项目时，试验人员应当向申请单位出具《特种设备型式试验意见书》。 6. 报告和证书 检验机构通常应在型式试验完成后 15 个工作日内向申请单位出具《特种设备型式试验报告》。型式试验合格的，检验机构还应当同时出具特种设备型式试验证书。型式试验不合格的，申请单位需要重新进行型式试验的，应当向原检验机构提出申请
16	收费标准及依据	按申请地政府财政等有关部门批准的特种设备有关检验检测收费标准收费
注：本指南为特种设备型式试验工作通用版本，仅供参考。		

2.2　特种设备生产单位鉴定评审指南

《中华人民共和国特种设备安全法》规定，对锅炉、压力容器、压力管道、电梯、起重机械、场（厂）内机动车辆、大型游乐设施、客运索道等八大类特种设备的生产（包括设计、制造、安装、改造、修理）活动，国家按照分类监督管理的原则实行许可制度。特种设备生产单位应当具备相应条件，并经负责特种设备安全监督管理的部门许可，方可从事生产活动。

《市场监管总局关于特种设备行政许可有关事项的公告》附件 1《特种设备生产单位许可目录》明确了八大类特种设备的生产许可目录。《特种设备行政许可实施办法（试行）》及 TSG 07—2019《特种设备生产和充装单位许可规则》规定，特种设备生产单位许可程序包括申请、受理、鉴定评审、审查和发证。申请由特种设备生产许可申请单位向负责特种设备安全监督管理的部门提出；由负责特种设备安全监督管理的部门根据申请做出是否受理许可的决定；鉴定评审由经特种设备安全监督管理部门核准的技术机构实施，并出具鉴定评审报告和相关资料；负责特种设备安全监督管理的部门对经核准的技术机构提供的材料进行审查并决定是否颁发许可证书。TSG 07—2019《特种设备生产和充装单位许可规则》不仅明确了许可程序，还规定了鉴定评审要求及八大类特种设备的生产许可条件。特种设备生产许可申请单位应当按照 TSG 07—2019《特种设备生产和充装单位许可规则》进行许可申请、接受鉴定评审及接受许可机关的监督管理。

指南制定目的：方便许可申请单位了解鉴定评审的程序和要求，以便做好迎接鉴定评审工作，顺利通过鉴定评审；规范鉴定评审机构的鉴定评审工作。

指南适用对象：许可申请单位和涉及鉴定评审的相关单位。

特种设备生产单位鉴定评审指南见表 2–2。

表2–2　特种设备生产单位鉴定评审指南

序号	项目	内容
1	鉴定评审目的	验证申请特种设备设计、制造、安装、改造、修理、充装和检验检测的单位是否符合许可条件
2	鉴定评审范围	锅炉制造，压力容器制造，安全附件制造，压力管道元件制造，承压类特种设备安装、改造、修理，电梯制造，起重机械制造，场（厂）内专用机动车辆制造，电梯安装，起重机械安装，场（厂）内专用机动车辆修理，大型游乐设施安装，客运索道安装等许可项目
3	受理方式	网上办理或窗口办理
4	办理结果	鉴定评审报告
5	鉴定评审受理机构	省级及省级以上特种设备检验机构。 设计文件鉴定的具体分工如下： （1）大型游乐设施、客运索道和气瓶的设计文件鉴定工作暂时由具有相应核准类别、品种的特种设备型式试验机构承担。 （2）境内锅炉、氧舱的设计文件鉴定工作暂时由省级市场监督管理部门所属的具有相应锅炉、氧舱监督检验资格的特种设备综合检验机构（甲类）承担。 （3）境外锅炉的设计文件鉴定工作暂时由中国特种设备检测研究院承担，境外氧舱的设计文件鉴定工作暂时由湖北特种设备检验检测研究院承担
6	办理地址、办理时间、联系电话	受理机构的办理地址、办理时间及联系电话见其网站
7	结果送达	窗口领取、代理人送达、委托送达、公告送达、邮寄送达

表 2-2（续）

序号	项目	内容
8	鉴定评审安排	收到申请单位提交材料后 10 个工作日内，受理机构通常会与申请单位就评审日期、评审人员进行沟通，并书面通知申请单位。现场鉴定评审时间一般为 2 天，最长不超过 5 天；现场鉴定评审组一般由两名以上鉴定评审人员组成，最多不超过 5 人，其中 1 人为鉴定评审组组长。受理机构因故无法按时完成鉴定评审工作的，应当向负责特种设备安全监督管理的部门报告
9	监督和投诉渠道	通过现场、电话、传真、信函的方式向申请地市场监督管理局监察室提出
10	鉴定评审依据	1.《中华人民共和国行政许可法》; 2.《中华人民共和国特种设备安全法》; 3.《特种设备安全监察条例》; 4.《市场监管总局关于特种设备行政许可有关事项的公告》附件 1《特种设备生产单位许可目录》; 5. TSG 07—2019《特种设备生产和充装单位许可规则》; 6. 其他相关法规标准
11	需提交的资料	申请单位应在鉴定评审安排前向受理机构提交以下资料： （1）《行政许可申请受理通知书》; （2）《鉴定评审期限及委托单位告知书》; （3）营业执照； （4）原特种设备许可证（换证单位需提供）; （5）质量手册； （6）《特种设备许可鉴定评审申请表》（见附录 9）; （7）其他必要资料
12	鉴定评审流程	1. 鉴定评审准备工作 申请单位在接到《特种设备鉴定评审工作通知函》（见附录 10）后，应针对所申请的许可项目，根据 TSG 07—2019《特种设备生产和充装单位许可规则》及相关法规标准要求，做好迎接鉴定评审的准备工作。 （1）总体要求 a）申请单位与鉴定评审组组长确认评审时间和评审人员； b）协调好申请单位的相关人员，迎接鉴定评审工作。 （2）资源条件 申请单位确认法定资质、人员、工作场所、设备设施、法规标准满足 TSG 07—2019《特种设备生产和充装单位许可规则》的要求。 （3）质量管理体系 针对所申请的许可项目建立符合 TSG 07—2019《特种设备生产单位和充装单位许可规则》要求的质量管理体系并确保得到有效运行。 2. 现场鉴定评审 申请单位一般应当为每个评审人员配备一个现场联络人员。现场鉴定评审工作一般包括首次会议、现场巡视、分组审查、交换意见、总结会议等。

表 2–2（续）

序号	项目	内容
12	鉴定评审流程	（1）首次会议 首次会议由鉴定评审组组长主持，鉴定评审组全体人员、申请单位主要负责人、质量管理体系人员及其他相关人员参加，参加会议的人员应签到。鉴定评审组组长简要说明鉴定评审依据、分工、计划及方式，宣读鉴定评审公正性要求与声明等。 （2）现场巡视 现场巡视申请单位的工作场所、设备设施，检查试制造（试安装）的样机（样品）等。 （3）分组审查 分组审查通常分为资源条件考核组、质量管理体系考核组、保障特种设备安全性能和充装安全的技术能力考核组。分组审查过程中，申请单位的现场联络人员应当及时、如实提供相关材料，并对评审人员提出的问题进行解释和确认。 （4）交换意见 分组审查结束后，鉴定评审组将发现的问题进行汇总，并与申请单位交换意见。现场不能完成整改的问题，应当签署《特种设备鉴定评审工作备忘录》。鉴定评审组应在《特种设备鉴定评审工作备忘录》中提出整改时间要求，整改时间不得超过 6 个月。 （5）总结会议 总结会议由鉴定评审组组长主持。鉴定评审组组长代表鉴定评审组向申请单位介绍鉴定评审情况，宣读《特种设备鉴定评审工作备忘录》，告知其申诉的权利、途径和申诉的时限；申请单位负责人对评审情况、评审结果、发现的问题进行确认。 3. 问题整改 申请单位按照《特种设备鉴定评审工作备忘录》中提出的问题进行整改，整改要求如下： （1）总体要求 申请单位应在鉴定评审期限（取证、增项）或许可证有效期（换证）届满前一个半月提交整改报告。 （2）资源条件整改专项要求 对于资源条件方面，缺少工作场所、设备设施、人员或人员资格等情况，需提供具备相关条件的见证材料，如场所租赁合同、设备采购发票、人员聘用合同、人员资格证件等。 （3）质量管理体系整改专项要求 a）建立问题。建立问题一般为缺少文件或文件内容未能覆盖法规标准要求或实际管理要求，整改措施一般为制修订相应文件。 b）运行问题。运行问题应采取相应整改措施。 （4）保障特种设备安全性能和充装安全的技术能力整改专项要求 保障特种设备安全性能和充装安全的技术能力问题应采取相应整改措施。 （5）申请单位整改结果的确认 整改完毕后，申请单位向鉴定评审机构提交《特种设备鉴定评审整改报告》（见附录 11）。由鉴定评审组组长对《特种设备鉴定评审整改报告》进行确认。

表 2–2（续）

序号	项目	内容
12	鉴定评审流程	（6）评审结论 现场鉴定评审工作结束后，鉴定评审机构通常应在 20 个工作日内出具《鉴定评审报告》。《鉴定评审报告》一式三份，一份交申请单位，一份交负责特种设备安全监督管理的部门，一份留鉴定评审机构存档。 4. 意见反馈 （1）申请单位对鉴定评审机构的办事程序、鉴定评审组的工作表现等情况可以书面形式向鉴定评审机构或者负责特种设备安全监督管理的部门反馈； （2）如果申请单位对鉴定评审组的鉴定评审结论有异议，则可在鉴定评审工作结束后 10 个工作日内，以书面形式向负责特种设备安全监督管理的部门提出申诉意见
13	收费标准及依据	按申请地政府财政等有关部门批准的特种设备检验检测和鉴定评审收费标准收费
注：本指南为特种设备鉴定评审工作通用版本，仅供参考。		

2.3 进口锅炉压力容器安全性能检验指南

指南制定目的：方便有进口锅炉压力容器安全性能检验需求者了解检验的程序和要求，以便做好迎检工作，顺利通过检验；规范检验机构的检验工作。

指南适用对象：有进口锅炉压力容器安全性能检验需求者、锅炉压力容器生产单位、检验机构。

进口锅炉压力容器安全性能检验指南见表 2–3。

表2–3　进口锅炉压力容器安全性能检验指南

序号	项目	内容
1	检验目的	验证进口锅炉压力容器安全性能是否符合技术规范的全部要求
2	受理方式	网上办理或窗口办理
3	办理结果	进口锅炉压力容器安全性能检验报告
4	受理机构	省级及省级以上特种设备检验机构
5	办理地址、办理时间、联系电话	受理机构的办理地址、办理时间及联系电话见其网站
6	结果送达	窗口领取、代理人送达、委托送达、公告送达、邮寄送达

表 2–3（续）

序号	项目	内容
7	办理时限	检验时间由申请单位与检验机构商定。完成所有检验项目后，一般在 10 个工作日内出具检验报告（大型检验项目检验报告的出具期限为 30 个工作日）。具体办理时限以各受理机构公开承诺的时限为准
8	监督和投诉渠道	通过现场、电话、传真、信函的方式向申请地市场监督管理局监察室提出
9	检验依据	1.《中华人民共和国特种设备安全法》； 2.《特种设备安全监察条例》； 3.《锅炉压力容器制造监督管理办法》； 4. TSG 21—2016《固定式压力容器安全技术监察规程》； 5. TSG R0005—2011《移动式压力容器安全技术监察规程》； 6. TSG 11—2020《锅炉安全技术规程》； 7. TSG 23—2021《气瓶安全技术规程》； 8. TSG D0001—2017《压力管道安全技术监察规程——工业管道》； 9. 进口合同中的技术条款要求； 10. 其他相关法规标准
10	境内受理流程及需提交的资料	1. 拟进口列入《进出口商品检验种类表》的锅炉压力容器及压力管道元件的中方签约单位，在签订进口合同 15 日前，填报《进口承压设备合约预审表》，携带拟进口的《进口承压设备清单》、特种设备制造许可证（复印件）和进口合同草稿到检验机构商洽。检验机构通常在 10 个工作日内完成《进口承压设备合约预审表》意见签署。 2. 进口合同正式签订后，中方签约单位应持进口合同、设计图纸、产品制造检验计划（ITP）等有关资料及时到检验机构协商，商定出境检验的批次、计划时间和检验项目等，由中方签约单位向检验机构发出检验申请，境外制造单位根据检验机构提交的名单发出正式的邀请函及办理签证所需的其他资料，并为检验人员赴境外进行检验提供一切便利条件
11	境外检验流程	1. 工作流程 检验人员到达制造单位后，召开首次会议，说明检验工作安排及具体配合要求；根据检验方案或大纲开展工作并及时对整改情况进行确认；召开末次会议，交流检验结果，签署检验工作备忘录。 2. 检验项目 （1）技术文件审查 a）特种设备制造许可证； b）符合性申明和质量基本安全要求比照表； c）进口合同中的技术条款要求； d）质量管理体系文件，至少包括质量手册、制造的相关程序与工艺文件； e）制造过程质量检验记录与报告； f）提交给用户的随机技术文件。 （2）制造车间和检验试验场地检查。 （3）射线底片复查。复查制造单位自检的射线底片，数量不少于 30%。 （4）现场检验与确认

表 2–3（续）

序号	项目	内容
11	境外检验流程	a）铭牌和材料标记确认； b）目视检查； c）厚度测量； d）无损检测抽查； e）安全附件检查。 （5）强度试验见证。现场见证强度试验
12	到岸检验	设备本体到岸后，中方签约单位到检验机构办理到岸检验手续。 中方签约单位携带随机技术文件、进口合同和报关单复印件到检验机构报检。随机技术文件至少包含以下内容： （1）特种设备制造许可证复印件和注册表的说明； （2）产品质量证明书； （3）压力容器产品的符合性申明和质量基本安全要求比照表； （4）Ⅲ类压力容器、超高压容器的风险评估报告； （5）压力管道元件型式试验合格证明； （6）总图及主要受压部件图（筒体、封头、接管和人孔等）； （7）主要受压元件强度计算书； （8）安全阀（爆破片）排放量计算书； （9）主要受压元件材料表及其材质证明书； （10）外观检查及尺寸检查报告； （11）热处理报告； （12）无损检测报告（必要时提供射线底片或 TOFD 图谱）； （13）强度、泄漏性试验报告； （14）其他检验报告
13	现场检验	中方签约单位应提前准备好检验现场，如：脚手架搭设、照明、表面打磨、220V 电源插座等，做好现场安全监护工作。现场检验过程中，检验人员必须严格遵守检验机构及现场相关方的安全作业规定，确保自身安全。 现场检验由项目负责人负责，在确认现场条件已具备后，立即组织现场检验。检验项目按照相关法规标准执行，进口锅炉分冷态和热态检验。 如现场检验发现超标缺陷，项目负责人根据缺陷情况发出《特种设备检验意见通知书》（见附录 12）或《特种设备安全质量监督检验工作联络单》。中方签约单位根据检验结果提出特种设备处理方案，报检验机构备案。缺陷处理合格后，检验人员进行复验确认
14	收费标准及依据	1. 随机技术文件审查无误后，中方签约单位填写《特种设备监督检验申请 / 受理单》（见附录 13），双方协商进口检验费用，检验机构开具缴费通知单，中方签约单位持缴费通知单到财务缴费并领取发票。 2. 对资料齐全并已缴费的中方签约单位，检验机构通常在 7 个工作日内指定项目负责人。项目负责人与中方签约单位协商确定检验日期及有关事项。 3. 按我国政府财政等有关部门批准的特种设备检验检测收费标准收费
注：本指南为进口锅炉压力容器安全性能检验工作通用版本，仅供参考。		

2.4　特种设备监督检验指南

指南制定目的：方便监督检验申请者了解监督检验的程序和要求，以便做好迎检工作，顺利通过检验；规范检验机构的检验工作。

指南适用对象：特种设备制造、安装、改造、修理施工单位及检验机构。

特种设备监督检验指南见表2–4。

表2–4　特种设备监督检验指南

序号	项目	内容
1	监督检验目的	验证特种设备制造、安装、改造、修理是否符合技术规范的全部要求
2	受理方式	网上办理或窗口办理
3	办理结果	特种设备制造监督检验证书，特种设备安装、改造、修理监督检验报告
4	受理机构	特种设备制造、安装、改造、修理所在地的具有相应资质的特种设备检验机构
5	办理地址、办理时间、联系电话	受理机构的办理地址、办理时间及联系电话见其网站
6	结果送达	通过电话、网上公告等方式将检验结果通知或告知服务对象，并通过窗口领取、代理人送达、委托送达、公告送达、邮寄送达等方式将结果送达
7	办理时限	法定办结时限为10个工作日。承诺办结时限以各受理机构对外公布的时限为准
8	监督和投诉渠道	通过现场、电话、传真、信函的方式向受理机构所在地的市场监督管理局监察室提出
9	办理依据	1.《中华人民共和国特种设备安全法》 第二十五条　锅炉、压力容器、压力管道元件等特种设备的制造过程和锅炉、压力容器、压力管道、电梯、起重机械、客运索道、大型游乐设施的安装、改造、重大修理过程，应当经特种设备检验机构按照安全技术规范的要求进行监督检验；未经监督检验或者监督检验不合格的，不得出厂或者交付使用。 2.《特种设备安全监察条例》 第二十一条　锅炉、压力容器、压力管道元件、起重机械、大型游乐设施的制造过程和锅炉、压力容器、电梯、起重机械、客运索道、大型游乐设施的安装、改造、重大维修过程，必须经国务院特种设备安全监督管理部门核准的检验检测机构按照安全技术规范的要求进行监督检验；未经监督检验合格的不得出厂或者交付使用。 第四十一条　从事本条例规定的监督检验、定期检验、型式试验以及专门为特种设备生产、使用、检验检测提供无损检测服务的特种设备检验检测机构，应当经国务院特种设备安全监督管理部门核准

表 2–4（续）

序号	项目	内容
10	受理条件	1. 申请单位的注册地应在受理机构所在行政区域内。 2. 申请单位特种设备生产许可证有效。 3. 申请制造监督检验的特种设备，必须是申请单位自己生产的，且技术参数在其生产许可证范围内。申请检验前，申请单位自检应符合相关技术规范及标准要求。 4. 申请改造、修理监督检验的设备已办理使用登记
11	申请材料	1. 制造监督检验申请材料 （1）统一社会信用代码证明、制造资质证书等； （2）申请检验的特种设备的制造标准、规范等； （3）制造工艺文件； （4）质量保证体系文件（质量手册、程序文件目录）； （5）人员（焊工、无损检测人员）资质证书复印件。 2. 安装、改造、重大修理监督检验申请材料 申请单位（安装、改造、重大修理施工单位）填写《特种设备监督检验申请 / 受理单》，并提交以下资料（可以是电子版）： （1）《特种设备安装改造修理告知书》（首检除外），特种设备安装、改造、修理许可证或者受理书（原件或者复印件）； （2）特种设备产品随机技术文件（包括主要受力构件图纸、电路图）； （3）特种设备制造许可证、型式试验合格证明（必要时）； （4）施工情况记录和施工单位自检合格的检验报告、施工合同（复印件）、施工计划； （5）电梯井道建筑验收证明、起重机基础及轨道的设计和验收证明； （6）改造项目的图样和计算资料
12	现场检验	1. 申请单位应做好现场检验前的准备工作，派出设备操作、检验等人员配合检验工作，并提供载荷试验所需要的重物和作业人员。 2. 申请单位应向检验人员提供设备的使用、修理、事故情况记录，历次检验资料等检验规则所要求的资料。 3. 现场检验过程中如果发现问题隐患，检验人员应在现场检验结束时向申请单位出具《特种设备检验意见通知书》，提出整改要求。 4. 申请单位应当按照《特种设备检验意见通知书》的要求及时整改，并且在要求的时限内向检验机构提交填写了处理结果的《特种设备检验意见通知书》（需有单位负责人签字、日期）以及整改报告等见证资料。由于特殊原因不能在要求的时限内完成整改的，申请单位须向检验机构提出延期申请
13	办理流程	见附录 14
14	收费标准及依据	按申请地政府财政等有关部门批准的特种设备检验检测收费标准收费

表 2-4（续）

序号	项目	内容
15	结果样本	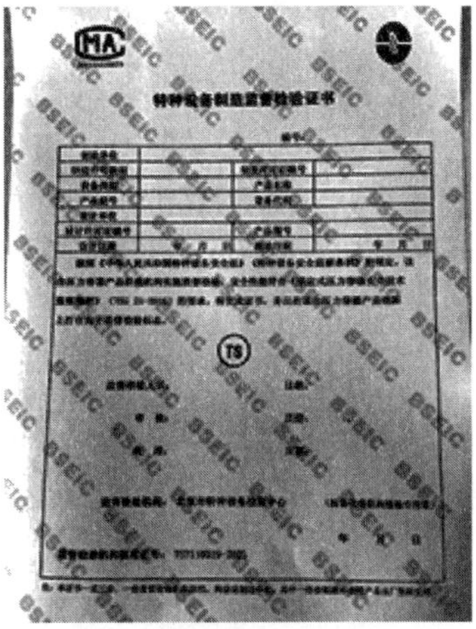
注 1：特种设备制造、安装、改造、修理监督检验的程序和要求详见《基层特种设备安全监察简明手册》［中国质量标准出版传媒有限公司（中国标准出版社），2021 年 1 月第三次印刷］第 4 章 4.1.2、4.1.3。 注 2：本指南为特种设备制造、安装、改造、修理监督检验工作通用版本，仅供参考。		

2.5　特种设备定期检验指南

指南制定目的：方便特种设备使用单位了解定期检验的程序和要求，以便做好迎检工作，顺利通过检验；规范检验机构的检验工作。

指南适用对象：特种设备使用单位及检验机构。

特种设备定期检验指南见表 2-5。

表2-5　特种设备定期检验指南

序号	项目	内容
1	定期检验目的	验证在用特种设备按规定时间进行检验时，是否符合技术规范的全部要求
2	受理方式	网上办理或窗口办理
3	办理结果	特种设备定期检验报告
4	受理机构	特种设备使用登记或使用地的特种设备检验机构

表 2-5（续）

序号	项目	内容
5	办理地址、办理时间、联系电话	受理机构的办理地址、办理时间及联系电话见其网站
6	结果送达	通过电话、网上公告等方式将检验结果通知或告知服务对象，并通过窗口领取、代理人送达、委托送达、公告送达、邮寄送达等方式将结果送达
7	办理时限	法定办结时限为 10 个工作日
8	监督和投诉渠道	通过现场、电话、传真、信函的方式向受理机构所在地的市场监督管理局监察室提出
9	办理依据	1.《中华人民共和国特种设备安全法》 第四十条　特种设备使用单位应当按照安全技术规范的要求，在检验合格有效期届满前一个月向特种设备检验机构提出定期检验要求。 特种设备检验机构接到定期检验要求后，应当按照安全技术规范的要求及时进行安全性能检验。特种设备使用单位应当将定期检验标志置于该特种设备的显著位置。 未经定期检验或者检验不合格的特种设备，不得继续使用。 第五十条　从事本法规定的监督检验、定期检验的特种设备检验机构，以及为特种设备生产、经营、使用提供检测服务的特种设备检测机构，应当具备下列条件，并经负责特种设备安全监督管理的部门核准，方可从事检验、检测工作。 2.《特种设备安全监察条例》 第二十八条　特种设备使用单位应当按照安全技术规范的定期检验要求，在安全检验合格有效期届满前 1 个月向特种设备检验检测机构提出定期检验要求。 检验检测机构接到定期检验要求后，应当按照安全技术规范的要求及时进行安全性能检验和能效测试。 未经定期检验或者检验不合格的特种设备，不得继续使用。 第四十一条　从事本条例规定的监督检验、定期检验、型式试验以及专门为特种设备生产、使用、检验检测提供无损检测服务的特种设备检验检测机构，应当经国务院特种设备安全监督管理部门核准
10	定期检验依据	见表 2-6
11	在用设备检验周期	1. 锅炉 外部检验一般每年 1 次；内部检验一般每 2 年 1 次，电站锅炉一般每 3～6 年 1 次。对锅炉安全状况有怀疑时，或无法进行内部检验的锅炉，每 3 年进行 1 次水压试验。 2. 压力容器 （1）年度检查，每年至少 1 次。

表 2–5（续）

序号	项目	内容
11	在用设备检验周期	（2）全面检验，一般应当于投入使用后 3 年内进行首次全面检验。下次的定期检验周期由检验机构根据压力容器的安全状况等级确定。安全状况等级为 1 级和 2 级的，一般每 6 年 1 次；安全状况等级为 3 级的，一般每 3 ～ 6 年 1 次；安全状况等级为 4 级的，其检验周期由检验机构确定；安全状况等级为 5 级的，应当对缺陷进行处理，否则不得继续使用。 （3）耐压试验，对压力容器安全状况有怀疑时进行。 3. 工业管道 在线检验每年至少 1 次。全面检验首检周期不超过 3 年。安全状况等级为 1 级和 2 级的，检验周期一般不超过 6 年；安全状况等级为 3 级的，检验周期一般不超过 3 年；安全状况等级为 4 级的，应报废。 4. 电梯 定期检验每年 1 次。 5. 起重机械 轻小型起重设备、桥式起重机、门式起重机、门座起重机、缆索起重机、桅杆起重机、铁路起重机、旋臂起重机、机械式停车设备每两年 1 次，其中吊运熔融金属和炽热金属的起重机每年 1 次；塔式起重机、升降机、流动式起重机每年 1 次，其中轮胎式集装箱门式起重机每两年 1 次。 6. 大型游乐设施 定期检验周期为 1 年。 7. 客运索道 （1）客运架空索道和客运缆车，每年进行 1 次年度检验，每 3 年进行 1 次全面检验。 （2）客运拖牵索道，每年进行 1 次定期检验。 8. 场（厂）内专用机动车辆 定期检验周期为 1 年
12	受理条件	已办理使用登记的在用特种设备
13	申请材料	1.《特种设备定期检验申请 / 受理单》（见附录 15）； 2. 定期检验申请材料 申请单位（使用单位或维修保养单位）在安全检验合格标志上注明的下次检验日期前 1 个月现场、电话或网上约检，并提交以下资料（可以是电子版）： （1）特种设备使用登记证明； （2）申请单位自检合格的检验报告、上次定期检验报告； （3）设备的维修保养合同（必要时）
14	现场检验	1. 申请单位应做好现场检验前的准备工作，派出设备操作、检验等人员配合检验工作，并提供载荷试验所需要的重物和作业人员。 2. 申请单位应向检验人员提供设备的使用、修理、事故情况记录，历次检验资料等检验规则所要求的资料。 3. 现场检验过程中如果发现问题隐患，检验人员应在现场检验结束时向申请单位出具《特种设备检验意见通知书》，提出整改要求。

表 2–5（续）

序号	项目	内容
14	现场检验	4. 申请单位应当按照《特种设备检验意见通知书》的要求及时整改，并且在要求的期限内向检验机构提交填写了处理结果的《特种设备检验意见通知书》（需有使用单位或维护保养单位盖章、负责人签字和日期）以及整改报告等见证资料。由于特殊原因不能在要求的时限内完成整改的，申请单位须向检验机构提出延期申请。 检验不合格或者申请单位在《特种设备检验意见通知书》提出的整改时限内未反馈整改报告等见证材料的，检验机构出具结论为“不合格”的定期检验报告。申请单位组织相应整改或者修理后申请复检
15	办理流程	见附录 16
16	收费标准及依据	按申请地政府财政等有关部门批准的特种设备检验检测收费标准收费
17	注意事项	1. 使用单位应在设备投入使用前或者投入使用后 30 日内办理使用登记，未办理使用登记的设备，未处理前不能进行定期检验。 2. 使用单位发生变更的，原使用单位应在变更后 30 日内到原登记部门办理使用登记注销；新使用单位应到所在地的登记部门办理使用登记。 3. 设备报废的，使用单位应当到登记部门办理使用登记注销。 4. 使用单位应当将定期检验结果报登记部门
注 1：在用特种设备定期检验的程序和要求详见《基层特种设备安全监察简明手册》［中国质量标准出版传媒有限公司（中国标准出版社），2021 年 1 月第三次印刷］第 4 章 4.3.7。 注 2：本指南为特种设备定期检验工作通用版本，仅供参考。		

表2–6　各类特种设备定期检验执行的安全技术规范

设备类别	设备名称	安全技术规范（检验规则）编号及名称
锅炉		TSG 11—2020《锅炉安全技术规程》
压力容器	固定式压力容器、移动式压力容器、医用氧气舱、非金属及非金属衬里压力容器	TSG 21—2016《固定式压力容器安全技术监察规程》
气瓶	钢质无缝气瓶	GB/T 13004—2016《钢质无缝气瓶定期检验与评定》
	钢质焊接气瓶	GB/T 13075—2016《钢质焊接气瓶定期检验与评定》
	铝合金无缝气瓶	GB/T 13077—2004《铝合金无缝气瓶定期检验与评定》
	液化石油气钢瓶	GB/T 8334—2011《液化石油气钢瓶定期检验与评定》
	溶解乙炔气瓶	GB/T 13076—2009《溶解乙炔气瓶定期检验与评定》

表 2-6（续）

设备类别	设备名称	安全技术规范（检验规则）编号及名称
压力管道	长输（油气）管道	TSG D7003—2010《压力管道定期检验规则——长输（油气）管道》
	公用管道	TSG D7004—2010《压力管道定期检验规则——公用管道》
	工业管道	TSG D7005—2018《压力管道定期检验规则——工业管道》
电梯	曳引与强制驱动电梯	TSG T7001—2009《电梯监督检验和定期检验规则——曳引与强制驱动电梯》及第 1、2、3 号修改单
	消防员电梯	TSG T7002—2011《电梯监督检验和定期检验规则——消防员电梯》及第 1、2、3 号修改单
	防爆电梯	TSG T7003—2011《电梯监督检验和定期检验规则——防爆电梯》及第 1、2、3 号修改单
	液压电梯	TSG T7004—2012《电梯监督检验和定期检验规则——液压电梯》及第 1、2、3 号修改单
	自动扶梯和自动人行道	TSG T7005—2012《电梯监督检验和定期检验规则——自动扶梯与自动人行道》及第 1、2、3 号修改单
	杂物电梯	TSG T7006—2012《电梯监督检验和定期检验规则——杂物电梯》及第 1、2、3 号修改单
起重机械		TSG Q7015—2016《起重机械定期检验规则》
客运索道	客运架空索道、客运拖牵索道、客运缆车	TSG S7001—2013《客运索道监督检验和定期检验规则》
大型游乐设施		《游乐设施监督检验规程（试行）》
场（厂）内专用机动车辆		TSG N0001—2017《场（厂）内专用机动车辆安全技术监察规程》《厂内机动车辆监督检验规程》

第三部分 特种设备安全监察

第3章　特种设备行政许可指南

特种设备行政许可，是指在法律一般禁止的情况下，特种设备安全监督管理部门根据行政相对方的申请，经依法审查，通过颁发许可证等形式，赋予或确认行政相对方从事特种设备活动的法律资格或法律权利的一种具体行政行为。在特种设备行政许可审批过程中：

a）申请事项依法需要取得行政许可的，应当场告知申请人予以受理，并出具《行政许可申请受理通知书》（见附录 17）。

b）申请事项依法不需要取得行政许可的，应当场告知申请人不予受理，并出具《行政许可申请不予受理通知书》（见附录 18）。

c）申请事项依法不属于本行政机关职权范围的，应当场出具《行政许可申请不予受理通知书》，并在不予受理通知书上告知申请人向相关行政机关提出申请。

d）申请人隐瞒有关情况或者提供虚假材料申请的，应当场出具《行政许可申请不予受理通知书》。

e）不能当场审查，或材料不齐全或不符合法定形式的，应当场出具《行政许可申请材料收件清单》（见附录 19）。对申请人提供的材料，应在 5 日内审查完毕，对材料不齐全或不符合法定形式的，应当场出具包含具体补正要求的《行政许可一次性补正材料告知书》（见附录 20）。

f）能当场判断申请材料需要补正的，应当场出具《行政许可一次性补正材料告知书》。

3.1　特种设备设计单位许可指南

指南制定目的：方便申请者了解特种设备设计行政许可的程序和要求，做好迎审工作，以便顺利通过许可；规范审批机关许可工作。

指南适用对象：许可申请者和许可审批机关。

特种设备设计单位许可指南见表 3–1。

表3-1 特种设备设计单位许可指南

序号	项目	内容
1	办理目的	1. 通过特种设备设计行政许可，使申请单位获得法定的特种设备设计资格； 2. 使特种设备安全监察机构能借助许可平台及时开展监察和服务，督促获许可单位落实安全主体责任
2	受理方式	网上受理或窗口受理
3	审批结果	中华人民共和国特种设备生产许可证
4	受理机构	国家市场监督管理总局特种设备安全监察局或各省、自治区、直辖市市场监督管理局。国家市场监督管理总局和各省、自治区、直辖市市场监督管理局受理范围见《市场监管总局关于特种设备行政许可有关事项的公告》附件1《特种设备生产单位许可目录》
5	办理地址、办理时间、联系电话	1. 国家市场监督管理总局的办理地址、办理时间及联系电话如下： 办理地址：北京市海淀区马甸东路9号一层办事大厅。 办理时间：周一至周五，上午8:30—11:30，下午13:30—17:00（法定节假日除外）。 联系电话：010-82261762（锅炉、压力容器），010-82261763（压力管道元件、压力管道设计、安全附件），010-82260344（起重机械），010-82260381（电梯、大型游乐设施、客运索道、厂车），010-82261672（压力管道安装、特种设备检验检测机构）。 2. 各省、自治区、直辖市市场监督管理局的办理地址、办理时间及联系电话见其网站
6	结果送达	做出行政决定后，应在10个工作日内，通过电话、网上公告等方式通知或告知服务对象，并通过邮寄或现场领取等方式将结果送达
7	办理时限	1. 法定审批时限：在20个工作日内办结。其中，办理过程中所需的鉴定评审和型式试验时间（不含申请单位工作准备、整改等时间）一般不超过12个月，其不计入时限。 2. 承诺办结时限：以受理机构对外公布的时限为准
8	监督和投诉渠道	1. 国家市场监督管理总局：现场、电话（010-82261751）、传真（010-82261751）、信函； 2. 各省、自治区、直辖市市场监督管理局：现场、电话或邮寄信函至其监察室
9	办理依据	1.《中华人民共和国特种设备安全法》 第十八条　国家按照分类监督管理的原则对特种设备生产实行许可制度。特种设备生产单位应当具备下列条件，并经负责特种设备安全监督管理的部门许可，方可从事生产活动： （一）有与生产相适应的专业技术人员； （二）有与生产相适应的设备、设施和工作场所； （三）有健全的质量保证、安全管理和岗位责任等制度。 2.《特种设备安全监察条例》 第十一条　压力容器的设计单位应当经国务院特种设备安全监督管理部门许可，方可从事压力容器的设计活动。

表 3–1（续）

序号	项目	内容
9	办理依据	压力容器的设计单位应当具备下列条件： （一）有与压力容器设计相适应的设计人员、设计审核人员； （二）有与压力容器设计相适应的场所和设备； （三）有与压力容器设计相适应的健全的管理制度和责任制度。 第十四条　锅炉、压力容器、电梯、起重机械、客运索道、大型游乐设施及其安全附件、安全保护装置的制造、安装、改造单位，以及压力管道用管子、管件、阀门、法兰、补偿器、安全保护装置等的制造单位和场（厂）内专用车辆的制造、改造单位，应当经国务院特种设备安全监督管理部门许可，方可从事相应的活动。 3.《国务院对确需保留的行政审批项目设定行政许可的决定》 附件第 249 项：压力管道的设计、安装、使用、检验单位和人员资格认定，由原国家质量监督检验检疫总局和县级以上地方人民政府质量技术监督部门实施。 4. 各类特种设备生产单位许可办理依据详见 TSG 07—2019《特种设备生产和充装单位许可规则》（http://www.samr.gov.cn/tzsbj/dtzb/gzdt/201906/p020190613405710355794.pdf）
10	申请条件	1. 按照 TSG 07—2019《特种设备生产和充装单位许可规则》（http://www.samr.gov.cn/tzsbj/dtzb/gzdt/201906/p020190613405710355794.pdf）的规定。 2. 内容如下： 申请单位应当具有以下与许可范围相适应，并且满足生产需要的资源条件： （1）人员，包括管理人员、技术人员、检测人员、作业人员等； （2）工作场所，包括场地、厂房、办公场所、仓库等； （3）设备设施，包括生产（充装）设备、工艺装备、检测仪器、试验装置等； （4）技术资料，包括设计文件、工艺文件、施工方案、检验规程等； （5）法规标准，包括法律、法规、规章、安全技术规范及相关标准。 具体资源条件和要求分别见 TSG 07—2019《特种设备生产和充装单位许可规则》附件 B 至附件 L
11	申请材料	1.《特种设备生产许可申请书》[见附录 21。属国家市场监督管理总局发证的企业，登录国家市场监督管理总局特种设备安全监察局行政许可栏目网页（http://sepsclient.cnse.samr.gov.cn/）；属各省、自治区、直辖市市场监督管理局发证的企业，登录其网上办事大厅网页。选择相关许可项目，在系统中填写并提交]。 2. 申请单位营业执照（无法在线核验时，可在系统内提交）。 3.《特种设备生产许可申请书》中的“申请许可项目”表 [经申请单位法定代表人（主要负责人）签字，并且加盖单位公章，扫描后在系统内提交]。 4. 原许可证（仅申请增项、改变许可级别或者换证，且无法在线核验时）。 5. 公司法人书面授权文件（分公司单独申请的）纸质原件
12	办理流程	见附录 22。 1. 首次申请、申请增项（增加制造地址除外）或者申请提高许可参数级别 （1）发证机关收到申请资料后，对于申请资料齐全且符合法定形式的，应当在 5 个工作日内予以受理，出具《行政许可申请受理通知书》。

表 3-1（续）

序号	项目	内容
12	办理流程	（2）发证机关收到申请资料后，对于申请资料不齐全或者不符合法定形式的，应当在 5 个工作日内一次性告知申请单位需要补正的全部内容，出具《行政许可一次性补正材料告知书》。 （3）发证机关收到申请资料后，凡有下列情形之一的，应当在 5 个工作日内向申请单位发出《行政许可申请不予受理通知书》： a）申请项目不属于特种设备许可范围的； b）隐瞒有关情况或者提供虚假申请资料被发现的； c）被依法吊（撤）销许可证，并且自吊（撤）销许可证之日起不满 3 年的。 （4）鉴定评审机构接到发证机关委托后，应当在 10 个工作日内与申请单位商定鉴定评审日期。 （5）鉴定评审组在备忘录中提出整改要求，整改时间不得超过 6 个月。 （6）发证机关在收到鉴定评审机构上报的鉴定评审报告和相关资料后，应当在 20 个工作日内对鉴定评审报告和相关资料进行审查。符合发证条件的，向申请单位颁发相应许可证；不符合发证条件的，向申请单位发出《不予行政许可决定书》。 2. 许可证变更 （1）持证单位改变单位名称或者地址更名，应当在 30 个工作日内向原发证机关提出变更许可证申请。 （2）发证机关应当在收到变更申请资料之日起 20 个工作日内做出是否准予变更的决定。 3. 许可证延续 （1）持证单位在其许可证有效期届满后，需要继续从事相应活动的，应当在其许可证有效期届满前的 6 个月以前（并且不超过 12 个月），向发证机关提出许可证延续申请；未及时提出申请的，应当在提出换证申请时书面说明理由。 （2）持证单位在其许可证有效期届满前，因改制或者批准的场地搬迁等需要延期换证的，应当提前 6 个月向发证机关提出延期换证申请，并且填报许可证申请变更表。 （3）在本许可周期内未发生行政处罚、责任事故、质量安全问题和质量投诉未结案等情况，且满足相应许可条件中所规定生产业绩的生产单位，在其许可证有效期届满前，采取自我声明承诺持续满足许可条件要求的方式申请直接换证，免除鉴定评审，但不得连续两个许可周期申请直接换证。不符合上述要求的特种设备生产单位，不得采取自我声明承诺的方式申请直接换证
13	收费标准及依据	不收费
14	申请人权利和义务	1. 根据《中华人民共和国行政许可法》等法律、法规的规定，申请人享有以下权利： （1）符合法定条件、标准的，申请人有依法取得行政许可的平等权利，行政机关不得歧视。 （2）申请人对行政机关有关行政许可公示内容有要求解释、说明的权利。 （3）申请人对行政机关实施行政许可，享有陈述权、申辩权。 （4）申请人对行政机关做出的准予行政许可决定有权查阅。

表 3-1（续）

序号	项目	内容
14	申请人权利和义务	（5）申请人对行政机关实施行政许可有权依法申请行政复议或者提起行政诉讼。 （6）申请人合法权益因行政机关违法实施行政许可受到损害的，申请人有权依法要求赔偿。 （7）申请人发现违法从事许可事项的活动，有权向行政机关举报。 （8）申请人依法应当享有的其他权利。 2. 根据《中华人民共和国行政许可法》等法律、法规的规定，申请人享有以下义务： （1）申请人申请行政许可，应当如实向行政机关提交有关材料和反映真实情况，并对其申请材料实质内容的真实性负责。 （2）申请人获得许可后有义务接受行政机关的检查，应当如实提供有关情况和材料。 （3）申请人依法应当履行的其他义务
15	结果样本	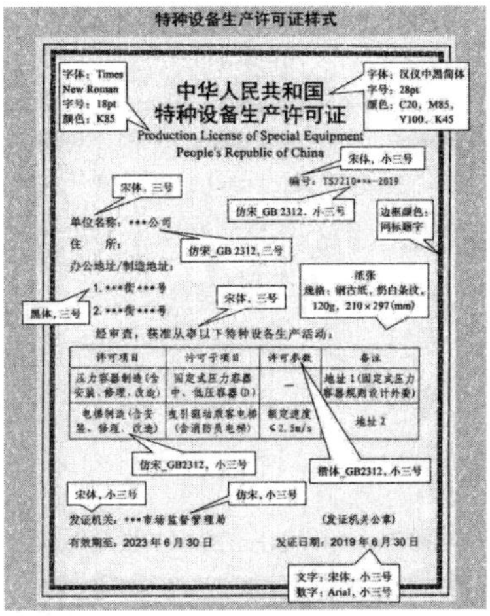
16	许可资料归档	由发证机关将相关资料归档。应归档资料包括： （1）目录； （2）行政许可决定书； （3）许可证复印件； （4）送达回证； （5）申请人提交的材料； （6）行政许可受理决定； （7）鉴定评审通知书（变更、减项、补领证书无此项）； （8）鉴定评审报告（变更、减项、补领证书无此项）； （9）备考表。 工作时限：送达后 3 个月内
17	许可质量要求	1. 正确率 100%； 2. 及时率 100%； 3. 下一环节监督上一环节作业质量

3.2 特种设备制造单位许可指南

指南制定目的：方便申请者了解特种设备制造行政许可的程序和要求，做好迎审工作，以便顺利通过许可；规范审批机关许可工作。

指南适用对象：许可申请者和许可审批机关。

特种设备制造单位许可指南见表 3–2。

表3–2 特种设备制造单位许可指南

序号	项目	内容
1	办理目的	1. 通过特种设备制造行政许可，使申请单位获得法定的特种设备制造资格； 2. 使特种设备安全监察机构能借助许可平台及时开展监察和服务，督促获许可单位落实安全主体责任
2	受理方式	网上受理或窗口受理
3	审批结果	中华人民共和国特种设备生产许可证
4	受理机构	国家市场监督管理总局特种设备安全监察局或各省、自治区、直辖市市场监督管理局。国家市场监督管理总局和各省、自治区、直辖市市场监督管理局受理范围见《市场监管总局关于特种设备行政许可有关事项的公告》附件 1《特种设备生产单位许可目录》
5	办理地址、办理时间、联系电话	1. 国家市场监督管理总局的办理地址、办理时间及联系电话如下： 办理地址：北京市海淀区马甸东路 9 号一层办事大厅。 办理时间：周一至周五，上午 8:30 —11:30，下午 13:30 —17:00（法定节假日除外）。 联系电话：010–82261762（锅炉、压力容器），010–82261763（压力管道元件、压力管道设计、安全附件），010–82260344（起重机械），010–82260381（电梯、大型游乐设施、客运索道、厂车），010–82261672（压力管道安装、特种设备检验检测机构）。 2. 各省、自治区、直辖市市场监督管理局的办理地址、办理时间及联系电话见其网站
6	结果送达	做出行政决定后，应在 10 个工作日内，通过电话、网上公告等方式通知或告知服务对象，并通过邮寄或现场领取等方式将结果送达
7	办理时限	1. 法定审批时限：在 20 个工作日内办结。其中，办理过程中所需的鉴定评审和型式试验时间（不含申请单位工作准备、整改等时间）一般不超过 12 个月，其不计入时限。 2. 承诺办结时限：以受理机构对外公布的时限为准
8	监督和投诉渠道	1. 国家市场监督管理总局：现场、电话（010–82261751）、传真（010–82261751）、信函； 2. 各省、自治区、直辖市市场监督管理局：现场、电话或邮寄信函至其监察室

表 3–2（续）

序号	项目	内容
9	办理依据	1.《中华人民共和国特种设备安全法》 第十八条　国家按照分类监督管理的原则对特种设备生产实行许可制度。特种设备生产单位应当具备下列条件，并经负责特种设备安全监督管理的部门许可，方可从事生产活动： （一）有与生产相适应的专业技术人员； （二）有与生产相适应的设备、设施和工作场所； （三）有健全的质量保证、安全管理和岗位责任等制度。 2.《特种设备安全监察条例》 第十四条　锅炉、压力容器、电梯、起重机械、客运索道、大型游乐设施及其安全附件、安全保护装置的制造、安装、改造单位，以及压力管道用管子、管件、阀门、法兰、补偿器、安全保护装置等的制造单位和场（厂）内专用车辆的制造、改造单位，应当经国务院特种设备安全监督管理部门许可，方可从事相应的活动。 3.《国务院对确需保留的行政审批项目设定行政许可的决定》 附件第 249 项：压力管道的设计、安装、使用、检验单位和人员资格认定，由原国家质量监督检验检疫总局和县级以上地方人民政府质量技术监督部门实施。 4. 各类特种设备生产单位许可办理依据详见 TSG 07—2019《特种设备生产和充装单位许可规则》（http://www.samr.gov.cn/tzsbj/dtzb/gzdt/201906/p020190613405710355794.pdf）
10	申请条件	1. 按照 TSG 07—2019《特种设备生产和充装单位许可规则》（http://www.samr.gov.cn/tzsbj/dtzb/gzdt/201906/p020190613405710355794.pdf）的规定。 2. 内容如下： 申请单位应当具有以下与许可范围相适应，并且满足生产需要的资源条件： （1）人员，包括管理人员、技术人员、检测人员、作业人员等； （2）工作场所，包括场地、厂房、办公场所、仓库等； （3）设备设施，包括生产（充装）设备、工艺装备、检测仪器、试验装置等； （4）技术资料，包括设计文件、工艺文件、施工方案、检验规程等； （5）法规标准，包括法律、法规、规章、安全技术规范及相关标准。 具体资源条件和要求分别见 TSG 07—2019《特种设备生产和充装单位许可规则》附件 B 至附件 L
11	申请材料	1.《特种设备生产许可申请书》[属国家市场监督管理总局发证的企业，登录国家市场监督管理总局特种设备安全监察局行政许可栏目网页（http://sepsclient.cnse.samr.gov.cn/）；属各省、自治区、直辖市市场监督管理局发证的企业，登录其网上办事大厅网页。选择相关许可项目，在系统中填写并提交]。 2. 申请单位营业执照（无法在线核验时，可在系统内提交）。 3.《特种设备生产许可申请书》中的“申请许可项目”表 [经申请单位法定代表人（主要负责人）签字，并且加盖单位公章，扫描后在系统内提交]。 4. 原许可证（仅申请增项、改变许可级别或者换证，且无法在线核验时）。 5. 公司法人书面授权文件（分公司单独申请的）纸质原件

表 3-2（续）

序号	项目	内容
12	办理流程	见附录 22。 1. 首次申请、申请增项（增加制造地址除外）或者申请提高许可参数级别 （1）发证机关收到申请资料后，对于申请资料齐全且符合法定形式的，应当在 5 个工作日内予以受理，出具《行政许可申请受理通知书》。 （2）发证机关收到申请资料后，对于申请资料不齐全或者不符合法定形式的，应当在 5 个工作日内一次性告知申请单位需要补正的全部内容，出具《行政许可一次性补正材料告知书》。 （3）发证机关收到申请资料后，凡有下列情形之一的，应当在 5 个工作日内向申请单位发出《行政许可申请不予受理通知书》： a）申请项目不属于特种设备许可范围的； b）隐瞒有关情况或者提供虚假申请资料被发现的； c）被依法吊（撤）销许可证，并且自吊（撤）销许可证之日起不满 3 年的。 （4）鉴定评审机构接到发证机关委托后，应当在 10 个工作日内与申请单位商定鉴定评审日期。 （5）鉴定评审组在备忘录中提出整改要求，整改时间不得超过 6 个月。 （6）发证机关在收到鉴定评审机构上报的鉴定评审报告和相关资料后，应当在 20 个工作日内对鉴定评审报告和相关资料进行审查。符合发证条件的，向申请单位颁发相应许可证；不符合发证条件的，向申请单位发出《不予行政许可决定书》。 2. 许可证变更 （1）持证单位改变单位名称或者地址更名，应当在 30 个工作日内向原发证机关提出变更许可证申请。 （2）发证机关应当在收到变更申请资料之日起 20 个工作日内做出是否准予变更的决定。 3. 许可证延续 （1）持证单位在其许可证有效期届满后，需要继续从事相应活动的，应当在其许可证有效期届满前的 6 个月以前（并且不超过 12 个月），向发证机关提出许可证延续申请；未及时提出申请的，应当在提出换证申请时书面说明理由。 （2）持证单位在其许可证有效期届满前，因改制或者批准的场地搬迁等需要延期换证的，应当提前 6 个月向发证机关提出延期换证申请，并且填报许可证申请变更表。 （3）在本许可周期内未发生行政处罚、责任事故、质量安全问题和质量投诉未结案等情况，且满足相应许可条件中所规定生产业绩的生产单位，在其许可证有效期届满前，采取自我声明承诺持续满足许可条件要求的方式申请直接换证，免除鉴定评审，但不得连续两个许可周期申请直接换证。不符合上述要求的特种设备生产单位，不得采取自我声明承诺的方式申请直接换证
13	收费标准及依据	不收费
14	申请人权利和义务	1. 根据《中华人民共和国行政许可法》等法律、法规的规定，申请人享有以下权利： （1）符合法定条件、标准的，申请人有依法取得行政许可的平等权利，行政机关不得歧视。

表 3-2（续）

序号	项目	内容
14	申请人权利和义务	（2）申请人对行政机关有关行政许可公示内容有要求解释、说明的权利。 （3）申请人对行政机关实施行政许可，享有陈述权、申辩权。 （4）申请人对行政机关做出的准予行政许可决定有权查阅。 （5）申请人对行政机关实施行政许可有权依法申请行政复议或者提起行政诉讼。 （6）申请人合法权益因行政机关违法实施行政许可受到损害的，申请人有权依法要求赔偿。 （7）申请人发现违法从事许可事项的活动，有权向行政机关举报。 （8）申请人依法应当享有的其他权利。 2. 根据《中华人民共和国行政许可法》等法律、法规的规定，申请人享有以下义务： （1）申请人申请行政许可，应当如实向行政机关提交有关材料和反映真实情况，并对其申请材料实质内容的真实性负责。 （2）申请人获得许可后有义务接受行政机关的检查，应当如实提供有关情况和材料。 （3）申请人依法应当履行的其他义务
15	结果样本	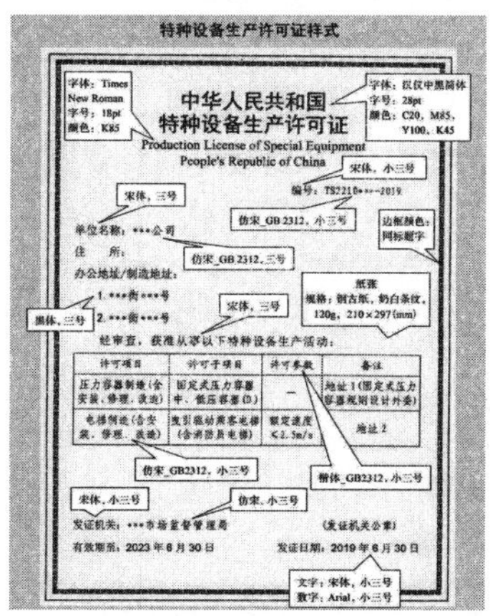
16	许可资料归档	由发证机关将相关资料归档。应归档资料包括： （1）目录； （2）行政许可决定书； （3）许可证复印件； （4）送达回证； （5）申请人提交的材料； （6）行政许可受理决定； （7）鉴定评审通知书（变更、减项、补领证书无此项）； （8）鉴定评审报告（变更、减项、补领证书无此项）； （9）备考表。 工作时限：送达后 3 个月内
17	许可质量要求	1. 正确率 100%； 2. 及时率 100%； 3. 下一环节监督上一环节作业质量

3.3 特种设备安装、改造和修理许可指南

指南制定目的：方便申请者了解特种设备安装、改造和修理许可的程序和要求，做好迎审工作，以便顺利通过许可；规范审批机关许可工作。

指南适用对象：许可申请者和许可审批机关。

特种设备安装、改造和修理许可指南见表 3–3。

表3–3 特种设备安装、改造和修理许可指南

序号	项目	内容
1	办理目的	1. 通过特种设备安装、改造和修理许可，使申请单位获得法定的特种设备安装、改造和修理资格； 2. 使特种设备安全监察机构能借助许可平台及时开展监察和服务，督促获许可单位落实安全主体责任
2	受理方式	网上受理或窗口受理
3	审批结果	中华人民共和国特种设备生产许可证
4	受理机构	国家市场监督管理总局特种设备安全监察局或各省、自治区、直辖市市场监督管理局。国家市场监督管理总局和各省、自治区、直辖市市场监督管理局受理范围见《市场监管总局关于特种设备行政许可有关事项的公告》附件 1《特种设备生产单位许可目录》
5	办理地址、办理时间、联系电话	1. 国家市场监督管理总局的办理地址、办理时间及联系电话如下： 办理地址：北京市海淀区马甸东路 9 号一层办事大厅。 办理时间：周一至周五，上午 8:30 —11:30，下午 13:30 —17:00（法定节假日除外）。 联系电话：010–82261762（锅炉、压力容器），010–82261763（压力管道元件、压力管道设计、安全附件），010–82260344（起重机械），010–82260381（电梯、大型游乐设施、客运索道、厂车），010–82261672（压力管道安装、特种设备检验检测机构）。 2. 各省、自治区、直辖市市场监督管理局的办理地址、办理时间及联系电话见其网站
6	结果送达	做出行政决定后，应在 10 个工作日内，通过电话、网上公告等方式通知或告知服务对象，并通过邮寄或现场领取等方式将结果送达
7	办理时限	1. 法定审批时限：在 20 个工作日内办结。其中，办理过程中所需的鉴定评审和型式试验时间（不含申请单位工作准备、整改等时间）一般不超过 12 个月，其不计入时限。 2. 承诺办结时限：以受理机构对外公布的时限为准
8	监督和投诉渠道	1. 国家市场监督管理总局：现场、电话（010–82261751）、传真（010–82261751）、信函； 2. 各省、自治区、直辖市市场监督管理局：现场、电话或邮寄信函至其监察室

表 3–3（续）

序号	项目	内容
9	办理依据	1.《中华人民共和国特种设备安全法》 第十八条　国家按照分类监督管理的原则对特种设备生产实行许可制度。特种设备生产单位应当具备下列条件，并经负责特种设备安全监督管理的部门许可，方可从事生产活动： （一）有与生产相适应的专业技术人员； （二）有与生产相适应的设备、设施和工作场所； （三）有健全的质量保证、安全管理和岗位责任等制度。 2.《特种设备安全监察条例》 第十四条　锅炉、压力容器、电梯、起重机械、客运索道、大型游乐设施及其安全附件、安全保护装置的制造、安装、改造单位，以及压力管道用管子、管件、阀门、法兰、补偿器、安全保护装置等的制造单位和场（厂）内专用车辆的制造、改造单位，应当经国务院特种设备安全监督管理部门许可，方可从事相应的活动。 3.《国务院对确需保留的行政审批项目设定行政许可的决定》 附件第 249 项：压力管道的设计、安装、使用、检验单位和人员资格认定，由原国家质量监督检验检疫总局和县级以上地方人民政府质量技术监督部门实施。 4.《市场监管总局关于特种设备行政许可有关事项的公告》 5. 各类特种设备生产单位许可办理依据详见 TSG 07—2019《特种设备生产和充装单位许可规则》（http://www.samr.gov.cn/tzsbj/dtzb/gzdt/201906/p020190613405710355794.pdf）
10	申请条件	1. 按照 TSG 07—2019《特种设备生产和充装单位许可规则》（http://www.samr.gov.cn/tzsbj/dtzb/gzdt/201906/p020190613405710355794.pdf）的规定。 2. 内容如下： 申请单位应当具有以下与许可范围相适应，并且满足生产需要的资源条件： （1）人员，包括管理人员、技术人员、检测人员、作业人员等； （2）工作场所，包括场地、厂房、办公场所、仓库等； （3）设备设施，包括生产（充装）设备、工艺装备、检测仪器、试验装置等； （4）技术资料，包括设计文件、工艺文件、施工方案、检验规程等； （5）法规标准，包括法律、法规、规章、安全技术规范及相关标准。 具体资源条件和要求分别见 TSG 07—2019《特种设备生产和充装单位许可规则》附件 B 至附件 L
11	申请材料	1.《特种设备生产许可申请书》[属国家市场监督管理总局发证的企业，登录国家市场监督管理总局特种设备安全监察局行政许可栏目网页（http://sepsclient.cnse.samr.gov.cn/）；属各省、自治区、直辖市市场监督管理局发证的企业，登录其网上办事大厅网页。选择相关许可项目，在系统中填写并提交]。 2. 申请单位营业执照（无法在线核验时，可在系统内提交）。 3.《特种设备生产许可申请书》中的“申请许可项目”表 [经申请单位法定代表人（主要负责人）签字，并且加盖单位公章，扫描后在系统内提交]。 4. 原许可证（仅申请增项、改变许可级别或者换证，且无法在线核验时）。 5. 公司法人书面授权文件（分公司单独申请的）纸质原件

表 3–3（续）

序号	项目	内容
12	办理流程	见附录 22。 1. 首次申请、申请增项（增加制造地址除外）或者申请提高许可参数级别 （1）发证机关收到申请资料后，对于申请资料齐全且符合法定形式的，应当在 5 个工作日内予以受理，出具《行政许可申请受理通知书》。 （2）发证机关收到申请资料后，对于申请资料不齐全或者不符合法定形式的，应当在 5 个工作日内一次性告知申请单位需要补正的全部内容，出具《行政许可一次性补正材料告知书》。 （3）发证机关收到申请资料后，凡有下列情形之一的，应当在 5 个工作日内向申请单位发出《行政许可申请不予受理通知书》： a）申请项目不属于特种设备许可范围的； b）隐瞒有关情况或者提供虚假申请资料被发现的； c）被依法吊（撤）销许可证，并且自吊（撤）销许可证之日起不满 3 年的。 （4）鉴定评审机构接到发证机关委托后，应当在 10 个工作日内与申请单位商定鉴定评审日期。 （5）鉴定评审组在备忘录中提出整改要求，整改时间不得超过 6 个月。 （6）发证机关在收到鉴定评审机构上报的鉴定评审报告和相关资料后，应当在 20 个工作日内对鉴定评审报告和相关资料进行审查。符合发证条件的，向申请单位颁发相应许可证；不符合发证条件的，向申请单位发出《不予行政许可决定书》。 2. 许可证变更 （1）持证单位改变单位名称或者地址更名，应当在 30 个工作日内向原发证机关提出变更许可证申请。 （2）发证机关应当在收到变更申请资料之日起 20 个工作日内做出是否准予变更的决定。 3. 许可证延续 （1）持证单位在其许可证有效期届满后，需要继续从事相应活动的，应当在其许可证有效期届满前的 6 个月以前（并且不超过 12 个月），向发证机关提出许可证延续申请；未及时提出申请的，应当在提出换证申请时书面说明理由。 （2）持证单位在其许可证有效期届满前，因改制或者批准的场地搬迁等需要延期换证的，应当提前 6 个月向发证机关提出延期换证申请，并且填报许可证申请变更表。 （3）在本许可周期内未发生行政处罚、责任事故、质量安全问题和质量投诉未结案等情况，且满足相应许可条件中所规定生产业绩的生产单位，在其许可证有效期届满前，采取自我声明承诺持续满足许可条件要求的方式申请直接换证，免除鉴定评审，但不得连续两个许可周期申请直接换证。不符合上述要求的特种设备生产单位，不得采取自我声明承诺的方式申请直接换证
13	收费标准及依据	不收费
14	申请人权利和义务	1. 根据《中华人民共和国行政许可法》等法律、法规的规定，申请人享有以下权利： （1）符合法定条件、标准的，申请人有依法取得行政许可的平等权利，行政机关不得歧视。

表 3–3（续）

序号	项目	内容
14	申请人权利和义务	（2）申请人对行政机关有关行政许可公示内容有要求解释、说明的权利。 （3）申请人对行政机关实施行政许可，享有陈述权、申辩权。 （4）申请人对行政机关做出的准予行政许可决定有权查阅。 （5）申请人对行政机关实施行政许可有权依法申请行政复议或者提起行政诉讼。 （6）申请人合法权益因行政机关违法实施行政许可受到损害的，申请人有权依法要求赔偿。 （7）申请人发现违法从事许可事项的活动，有权向行政机关举报。 （8）申请人依法应当享有的其他权利。 2. 根据《中华人民共和国行政许可法》等法律、法规的规定，申请人享有以下义务： （1）申请人申请行政许可，应当如实向行政机关提交有关材料和反映真实情况，并对其申请材料实质内容的真实性负责。 （2）申请人获得许可后有义务接受行政机关的检查，应当如实提供有关情况和材料。 （3）申请人依法应当履行的其他义务
15	结果样本	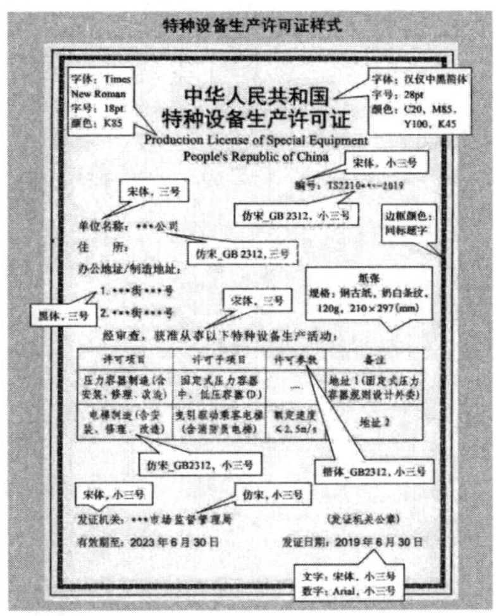
16	许可资料归档	由发证机关将相关资料归档。应归档资料包括： （1）目录； （2）行政许可决定书； （3）许可证复印件； （4）送达回证； （5）申请人提交的材料； （6）行政许可受理决定； （7）鉴定评审通知书（变更、减项、补领证书无此项）； （8）鉴定评审报告（变更、减项、补领证书无此项）； （9）备考表。 工作时限：送达后 3 个月内

表 3-3（续）

序号	项目	内容
17	许可质量要求	1. 正确率 100%； 2. 及时率 100%； 3. 下一环节监督上一环节作业质量

3.4　气瓶、移动式压力容器充装许可指南

指南制定目的：方便申请者了解气瓶、移动式压力容器充装许可的程序和要求，做好迎审工作，以便顺利通过许可；规范审批机关许可工作。

指南适用对象：许可申请者和许可审批机关。

气瓶、移动式压力容器充装许可指南见表 3-4。

表3-4　气瓶、移动式压力容器充装许可指南

序号	项目	内容
1	办理目的	1. 通过气瓶、移动式压力容器充装许可，使申请单位获得法定的气瓶、移动式压力容器充装资格； 2. 使特种设备安全监察机构能借助许可平台及时开展监察和服务，督促获许可单位落实安全主体责任
2	受理方式	网上办理或窗口办理
3	审批结果	移动式压力容器 / 气瓶充装许可证
4	受理机构	各省、自治区、直辖市市场监督管理局
5	办理地址、办理时间、联系电话	各省、自治区、直辖市市场监督管理局的办理地址、办理时间及联系电话见其网站
6	结果送达	做出行政决定后，应在 10 个工作日内，通过电话、网上公告等方式通知或告知服务对象，并通过邮寄或现场领取等方式将结果送达
7	办理时限	1. 法定审批时限：在 20 个工作日内办结。其中，办理过程中所需的鉴定评审时间不计入时限。 2. 承诺办结时限：以受理机构对外公布的时限为准
8	监督和投诉渠道	现场、电话或邮寄信函至受理机构监察室

表 3-4（续）

序号	项目	内容
9	办理依据	1.《中华人民共和国特种设备安全法》 第四十九条　移动式压力容器、气瓶充装单位，应当具备下列条件，并经负责特种设备安全监督管理的部门许可，方可从事充装活动： （一）有与充装和管理相适应的管理人员和技术人员； （二）有与充装和管理相适应的充装设备、检测手段、场地厂房、器具、安全设施； （三）有健全的充装管理制度、责任制度、处理措施。 充装单位应当建立充装前后的检查、记录制度，禁止对不符合安全技术规范要求的移动式压力容器和气瓶进行充装。 气瓶充装单位应当向气体使用者提供符合安全技术规范要求的气瓶，对气体使用者进行气瓶安全使用指导，并按照安全技术规范的要求办理气瓶使用登记，及时申报定期检验。 2.《特种设备安全监察条例》 第二十二条　移动式压力容器、气瓶充装单位应当经省、自治区、直辖市的特种设备安全监督管理部门许可，方可从事充装活动。 充装单位应当具备下列条件： （一）有与充装和管理相适应的管理人员和技术人员； （二）有与充装和管理相适应的充装设备、检测手段、场地厂房、器具、安全设施； （三）有健全的充装管理制度、责任制度、紧急处理措施。 气瓶充装单位应当向气体使用者提供符合安全技术规范要求的气瓶，对使用者进行气瓶安全使用指导，并按照安全技术规范的要求办理气瓶使用登记，提出气瓶的定期检验要求。 3. 各类特种设备生产单位许可办理依据详见 TSG 07—2019《特种设备生产和充装单位许可规则》（http://www.samr.gov.cn/tzsbj/dtzb/gzdt/201906/p020190613405710355794.pdf）
10	申请条件	具有法定资格；取得政府规划、消防等有关部门的批准；有与气瓶、移动式压力容器充装相适应的符合相关安全技术规范的管理人员、技术人员和作业人员；有与充装介质种类相适应的充装设备、检测手段、场地厂房，安全设施和一定的充装介质储存（生产）能力，以及足够数量的自有产权气瓶；有健全的质量管理体系和安全管理制度以及紧急处理措施，并且能够有效运转和执行；充装活动符合安全技术规范的要求，能够保证充装工作质量；能够对气瓶使用者安全使用气瓶进行指导，提供服务
11	申请材料	1. 新办。提交《气瓶（移动式压力容器）充装许可申请书》（见附录 23），并且附以下资料扫描件（无需提供原件），向相应的发证机关提出申请。一般采用网上填报的方式申请。 （1）申请单位营业执照（无法在线核验时）； （2）《特种设备生产许可申请书》中的“申请许可项目”表［经申请单位法定代表人（主要负责人）签字，并且加盖单位公章］； （3）原许可证（仅申请增项、改变许可级别或者换证，且无法在线核验时）；

表 3–4（续）

序号	项目	内容
11	申请材料	（4）公司法人书面授权文件（分公司单独申请的）。 因特殊情况不能进行网上申请的，可以提交书面申请［《气瓶（移动式压力容器）充装许可申请书》一式三份］，并且附上述资料（复印件各一份，加盖单位公章）。 2. 气瓶充装单位资格许可地址更名、单位名称改变。提交换证申请和自我声明承诺（无需评审）
12	办理流程	见附录 22。 1. 首次申请、申请增项（增加充装地址除外）或者申请换证 （1）发证机关收到申请资料后，对于申请资料齐全且符合法定形式的，应当在 5 个工作日内予以受理，出具《行政许可申请受理通知书》。 （2）发证机关收到申请资料后，对于申请资料不齐全或者不符合法定形式的，应当在 5 个工作日内一次性告知申请单位需要补正的全部内容，出具《行政许可一次性补正材料告知书》。 （3）发证机关收到申请资料后，凡有下列情形之一的，应当在 5 个工作日内向申请单位发出《行政许可申请不予受理通知书》： a）申请项目不属于特种设备许可范围的； b）隐瞒有关情况或者提供虚假申请资料被发现的； c）被依法吊（撤）销许可证，并且自吊（撤）销许可证之日起不满 3 年的。 （4）鉴定评审机构接到发证机关委托后，应当在 10 个工作日内与申请单位商定鉴定评审日期。 （5）鉴定评审组在备忘录中提出整改要求，整改时间不得超过 6 个月。 （6）发证机关在收到鉴定评审机构上报的鉴定评审报告和相关资料后，应当在 20 个工作日内对鉴定评审报告和相关资料进行审查。符合发证条件的，向申请单位颁发相应许可证；不符合发证条件的，向申请单位发出《不予行政许可决定书》。 2. 许可证变更 （1）持证单位改变单位名称或者地址更名，应当在 30 个工作日内向原发证机关提出变更许可证申请。 （2）发证机关应当在收到变更申请资料之日起 20 个工作日内做出是否准予变更的决定。 3. 许可证延续 （1）持证单位在其许可证有效期届满后，需要继续从事相应活动的，应当在其许可证有效期届满前的 6 个月以前（并且不超过 12 个月），向发证机关提出许可证延续申请；未及时提出申请的，应当在提出换证申请时书面说明理由。 （2）持证单位在其许可证有效期届满前，因改制或者批准的场地搬迁等需要延期换证的，应当提前 6 个月向发证机关提出延期换证申请，并且填报许可证申请变更表。 （3）在本许可周期内未发生行政处罚、责任事故、质量安全问题和质量投诉未结案等情况，且满足相应许可条件中所规定生产业绩的生产单位，在其许可证有效期届满前，采取自我声明承诺持续满足许可条件要求的方式申请直接换证，免除鉴定评审，但不得连续两个许可周期申请直接换证。不符合上述要求的特种设备生产单位，不得采取自我声明承诺的方式申请直接换证

表 3-4（续）

<table>
<tr><th>序号</th><th>项目</th><th>内容</th></tr>
<tr><td>13</td><td>收费标准及依据</td><td>不收费</td></tr>
<tr><td>14</td><td>申请人权利和义务</td><td>1. 根据《中华人民共和国行政许可法》等法律、法规的规定，申请人享有以下权利：
（1）符合法定条件、标准的，申请人有依法取得行政许可的平等权利，行政机关不得歧视。
（2）申请人对行政机关有关行政许可公示内容有要求解释、说明的权利。
（3）申请人对行政机关实施行政许可，享有陈述权、申辩权。
（4）申请人对行政机关做出的准予行政许可决定有权查阅。
（5）申请人对行政机关实施行政许可有权依法申请行政复议或者提起行政诉讼。
（6）申请人合法权益因行政机关违法实施行政许可受到损害的，申请人有权依法要求赔偿。
（7）申请人发现违法从事许可事项的活动，有权向行政机关举报。
（8）申请人依法应当享有的其他权利。
2. 根据《中华人民共和国行政许可法》等法律、法规的规定，申请人享有以下义务：
（1）申请人申请行政许可，应当如实向行政机关提交有关材料和反映真实情况，并对其申请材料实质内容的真实性负责。
（2）申请人获得许可后有义务接受行政机关的检查，应当如实提供有关情况和材料。
（3）申请人依法应当履行的其他义务</td></tr>
<tr><td>15</td><td>结果样本</td><td>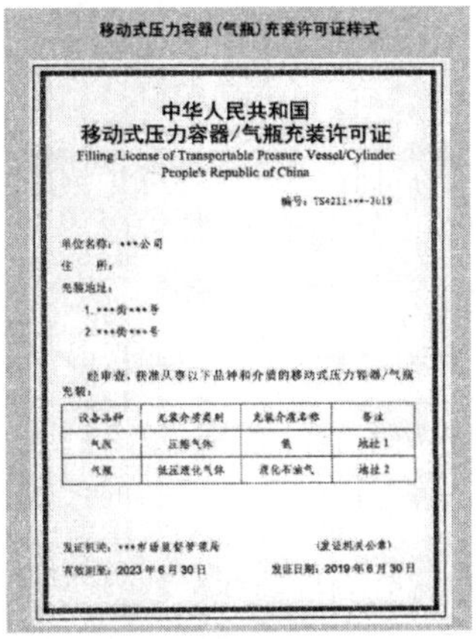
移动式压力容器（气瓶）充装许可证样式
中华人民共和国
移动式压力容器/气瓶充装许可证
Filling License of Transportable Pressure Vessel/Cylinder
People's Republic of China
编号：TS4211***-2019
单位名称：***公司
住　　所：
充装地址：
1.***街***号
2.***街***号
经审查，获准从事以下品种和介质的移动式压力容器/气瓶充装：<table><tr><td>设备品种</td><td>充装介质类别</td><td>充装介质名称</td><td>备注</td></tr><tr><td>气瓶</td><td>压缩气体</td><td>氧</td><td>地址 1</td></tr><tr><td>气瓶</td><td>低压液化气体</td><td>液化石油气</td><td>地址 2</td></tr></table>发证机关：***市场监督管理局　　（发证机关公章）
有效期至：2023 年 6 月 30 日　　发证日期：2019 年 6 月 30 日</td></tr>
<tr><td>16</td><td>许可资料归档</td><td>由发证机关将相关资料归档。应归档资料包括：
（1）目录；
（2）行政许可决定书；
（3）许可证复印件；
（4）送达回证；
（5）申请人提交的材料；</td></tr>
</table>

表 3-4（续）

序号	项目	内容
16	许可资料归档	（6）行政许可受理决定； （7）鉴定评审通知书（变更、减项、补领证书无此项）； （8）鉴定评审报告（变更、减项、补领证书无此项）； （9）备考表。 工作时限：送达后 3 个月内
17	许可质量要求	1. 正确率 100%； 2. 及时率 100%； 3. 下一环节监督上一环节作业质量

3.5　特种设备无损检测机构核准指南

指南制定目的：方便申请者了解特种设备无损检测机构核准的程序和要求，做好迎接核准工作，以便顺利通过核准；规范审批机关许可工作。

指南适用对象：核准申请者和核准审批机关。

特种设备无损检测机构核准指南见表 3-5。

表3-5　特种设备无损检测机构核准指南

序号	项目	内容
1	办理目的	1. 通过特种设备无损检测机构核准，使申请单位获得法定的特种设备无损检测资格； 2. 使特种设备安全监察机构能借助许可平台及时开展监察和服务，督促获许可单位落实安全主体责任
2	受理方式	网上办理或窗口办理
3	审批结果	特种设备检验检测机构核准证
4	受理机构	国家市场监督管理总局
5	通办范围	全国范围
6	办理地址、办理时间、联系电话	国家市场监督管理总局的办理地址、办理时间及联系电话如下： 办理地址：北京市海淀区马甸东路 9 号一层办事大厅。 办理时间：周一至周五，上午 8:30 —11:30，下午 13:30 —17:00（法定节假日除外）。 联系电话：010-82261762（锅炉、压力容器），010-82261763（压力管道元件、压力管道设计、安全附件），010-82260344（起重机械），010-82260381（电梯、大型游乐设施、客运索道、厂车），010-82261672（压力管道安装、特种设备检验检测机构）

表 3-5（续）

序号	项目	内容
7	结果送达	做出行政决定后，应在 10 个工作日内，通过电话、网上公告等方式通知或告知服务对象，并通过邮寄或现场领取等方式将结果送达
8	办理时限	在 20 个工作日内办结。其中，办理过程中所需的鉴定评审时间不计入时限。鉴定评审所用时间主要受到申请单位准备评审以及约定评审时间等因素影响，一般不超过 12 个月
9	监督和投诉渠道	现场、电话（010–82261751）、传真（010–82261751）、信函
10	办理依据	1.《中华人民共和国特种设备安全法》 第五十条　从事本法规定的监督检验、定期检验的特种设备检验机构，以及为特种设备生产、经营、使用提供检测服务的特种设备检测机构，应当具备下列条件，并经负责特种设备安全监督管理的部门核准，方可从事检验、检测工作： （一）有与检验、检测工作相适应的检验、检测人员； （二）有与检验、检测工作相适应的检验、检测仪器和设备； （三）有健全的检验、检测管理制度和责任制度。 2.《特种设备安全监察条例》 第四十一条　从事本条例规定的监督检验、定期检验、型式试验以及专门为特种设备生产、使用、检验检测提供无损检测服务的特种设备检验检测机构，应当经国务院特种设备安全监督管理部门核准。 特种设备使用单位设立的特种设备检验检测机构，经国务院特种设备安全监督管理部门核准，负责本单位核准范围内的特种设备定期检验工作。 3. TSG Z7005—2015《特种设备无损检测机构核准规则》 第二条　本规则适用于《中华人民共和国特种设备安全法》《特种设备安全监察条例》规定的为特种设备生产、经营、使用提供无损检测服务的机构的核准。 第三条　从事特种设备无损检测的机构，应当按照本规则的要求取得特种设备检验检测机构核准证。 第四条　核准分为首次核准、增项（含增加分公司）核准、延续核准，核准程序包括申请、受理、鉴定评审、审批与发证。 第五条　申请特种设备无损检测机构核准的机构应当满足《特种设备无损检测机构核准条件》规定的条件。 第七条　获得核准的特种设备无损检测机构应当严格保持并且满足本规则所规定的条件，按照国家有关法律、法规、规章、安全技术规范以及相关标准实施检测，客观、公正、及时地出具检测报告，对检测报告的真实性、准确性、有效性负责。 4. TSG Z7003—2004《特种设备检验检测机构质量管理体系要求》 第二条　检验检测机构的质量管理体系的构成应当与其自身特有的检验检测活动和运行方式相适应

表 3–5（续）

序号	项目	内容
11	申请条件	1. 申请人条件 （1）有独立法人资格（特种设备使用单位设立的检验机构和中央企业设立的检验机构除外）。从事监督检验的机构应具有不以营利为目的的公益性事业法人资格。 （2）有相应的检验检测人员、专业技术人员，技术负责人具有特种设备检验师（或相关专业工程师）及以上资格。 （3）有相应的场地、设备和检测试验手段。 （4）有健全的质量管理体系和各项管理制度，并能有效运转。 （5）有相应的安全技术规范、标准。 （6）能够保证检验检测质量符合安全技术规范的基本要求。 2. 具备或符合以上条件的，准予批准。 3. 不具备或不符合以上条件之一的，不予批准
12	申请材料	1.《特种设备检验检测机构核准申请书》封面（见附录 24。如需纸质版，可在系统中打印 1 份，并加盖申请机构公章。《特种设备检验检测机构核准申请书》在系统中填写并提交）。 2.《特种设备检验检测机构核准申请书》中的“申请核准项目”表（见附录 25。如需纸质版，可在系统中打印 1 份，由申请机构法定代表人签字，并加盖申请机构公章。《特种设备检验检测机构核准申请书》在系统中填写并提交）。 3. 营业执照［见附录 26。由具有法人资格的市场监督管理部门（原工商行政管理部门）发放。因特殊情况不能进行网上申请的，应提交复印件 1 份，并加盖公章］。 4. 原核准证（适用于延续或者增项核准）。 5. 质量管理体系文件（质量管理手册和程序文件电子版）。 6.《特种设备检验检测机构核准申请书》（见附录 27。在系统中填写并提交，如需纸质版，可在系统中打印 1 份）
13	办理流程	企业提交申请→承办人员现场审查材料→受理符合条件的申请（对不符合条件或申请材料不全的，一次性告知当场不予受理的理由）→进行网上注册登记→审核盖章（承办人员、处负责人、主管局长逐级审核签字）→发证（详见附录 22）。 1. 首次核准 （1）核准机关应当在收到申请材料之日起 5 个工作日内完成材料审查，并且做出受理或者不予受理的决定。申请材料符合要求，核准机关同意受理的，向申请机构出具《行政许可申请受理通知书》（有效期 12 个月）；核准机关不同意受理的，向申请机构出具《行政许可申请不予受理通知书》。 （2）申请材料不符合要求的，核准机关应当在收到申请材料之日起 5 个工作日内向申请机构发出《行政许可一次性补正材料告知书》，一次性告知申请机构需要补正的全部内容。 （3）鉴定评审机构应当对申请机构提交的约请材料进行确认。约请材料不符合规定的，鉴定评审机构应当在 10 个工作日内一次性告知申请机构需要补正的内容；约请材料符合规定的，鉴定评审机构应当在 10 个工作日内与申请机构协商制定鉴定评审计划。

表 3-5（续）

序号	项目	内容
13	办理流程	（4）现场鉴定评审工作一般在 2～4 个工作日内完成。 （5）鉴定评审机构应当在实施现场鉴定评审前的 5 个工作日，向申请机构发送《特种设备现场鉴定评审通知函》。 （6）申请机构对现场鉴定评审有异议时，应当在现场鉴定评审结束后的 5 个工作日内向鉴定评审机构提出申诉。 （7）需要申请机构整改的，应当在现场鉴定评审结束后的 10 个工作日内，向申请机构发出《特种设备鉴定评审不符合项目通知书》。 （8）现场鉴定评审材料有问题或者现场鉴定评审过程不符合程序规定的，安排评审组在 3 个工作日内做出补充说明，或者在 10 个工作日内重新安排现场鉴定评审。 （9）申请机构应当依据《特种设备鉴定评审不符合项目通知书》，在《行政许可申请受理通知书》有效期届满前的 2 个月以前完成不符合项的整改并且经过鉴定评审机构确认；延续核准的，应当在特种设备检验检测机构核准证有效期届满前的 2 个月以前完成不符合项的整改并且经过鉴定评审机构确认。 （10）现场鉴定评审工作结束后，对不需要申请机构整改的，鉴定评审机构应当在 10 个工作日内向核准机关提交鉴定评审报告；对需要申请机构进行整改的，鉴定评审机构应当在自整改结果确认后 10 个工作日内向核准机关提交鉴定评审报告。 （11）鉴定评审报告内容不齐全或者鉴定评审过程不符合程序规定的，要求鉴定评审机构在 5 个工作日内做出补充说明，或者在 10 个工作日内重新安排鉴定评审。 （12）对予以批准的，核准机关应当在接到合格鉴定评审报告后 30 个工作日内完成审查、批准和发证工作。 2. 变更与延续 （1）在特种设备检验检测机构核准证有效期内，持证机构的名称、地址发生变化，应当在变化之日起 1 个月内按照规定向核准机关申请办理变更。 （2）在特种设备检验检测机构核准证有效期内，持证机构增加分公司和核准项目，应当在特种设备检验检测机构核准证有效期届满前的 6 个月以前向核准机关提出增项核准申请。 （3）持证机构应当在特种设备检验检测机构核准证有效期届满前的 6 个月以前（并且不超过 12 个月）向核准机关提出延续核准申请；未按照规定期限提出延续核准申请的，核准机关按照首次核准受理持证机构提出的申请。 （4）因合并重组、机构搬迁、改制以及其他不可抗力等原因不能按照规定期限提出延续核准申请的，持证机构应当在特种设备检验检测机构核准证有效期届满前的 6 个月以前按照规定向核准机关提出延长有效期申请；已经按照规定期限提出延续核准申请的，应当在特种设备检验检测机构核准证有效期届满前的 1 个月以前按照规定向核准机关提出延长有效期申请。有效期延长不得超过 1 年，所延长的有效期应当在下一个核准有效期内扣除。

表 3-5（续）

序号	项目	内容
13	办理流程	（5）在本核准周期内未发生行政处罚、责任事故、质量安全问题和质量投诉未结案等情况，且满足相应许可条件中所规定生产业绩的生产单位，在其许可证有效期届满前，采取自我声明承诺持续满足许可条件要求的方式申请直接换证，免除鉴定评审，但不得连续两个许可周期申请直接换证。不符合上述要求的特种设备生产单位，不得采取自我声明承诺的方式申请直接换证
14	收费标准及依据	不收费
15	申请人权利和义务	1. 根据《中华人民共和国行政许可法》等法律、法规的规定，申请人享有以下权利： （1）符合法定条件、标准的，申请人有依法取得行政许可的平等权利，行政机关不得歧视。 （2）申请人对行政机关有关行政许可公示内容有要求解释、说明的权利。 （3）申请人对行政机关实施行政许可，享有陈述权、申辩权。 （4）申请人对行政机关做出的准予行政许可决定有权查阅。 （5）申请人对行政机关实施行政许可有权依法申请行政复议或者提起行政诉讼。 （6）申请人合法权益因行政机关违法实施行政许可受到损害的，申请人有权依法要求赔偿。 （7）申请人发现违法从事许可事项的活动，有权向行政机关举报。 （8）申请人依法应当享有的其他权利。 2. 根据《中华人民共和国行政许可法》等法律、法规的规定，申请人享有以下义务： （1）申请人申请行政许可，应当如实向行政机关提交有关材料和反映真实情况，并对其申请材料实质内容的真实性负责。 （2）申请人获得许可后有义务接受行政机关的检查，应当如实提供有关情况和材料。 （3）申请人依法应当履行的其他义务
16	结果样本	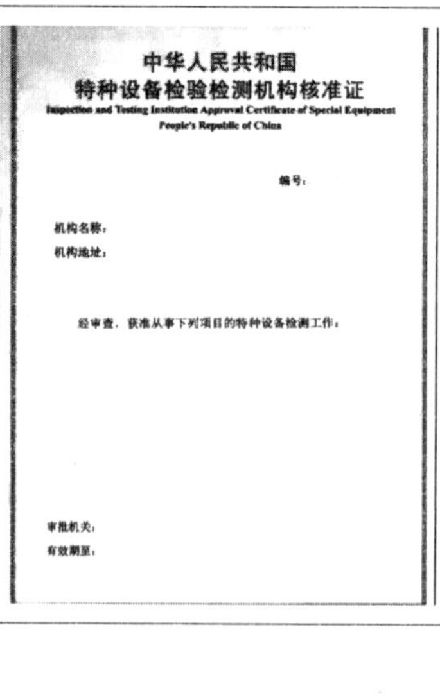 中华人民共和国 特种设备检验检测机构核准证 Inspection and Testing Institution Approval Certificate of Special Equipment People's Republic of China 编号： 机构名称： 机构地址： 经审查，获准从事下列项目的特种设备检测工作： 审批机关： 有效期至：

表 3-5（续）

序号	项目	内容
17	核准资料归档	由承办人员将相关资料归档。应归档资料包括： （1）目录； （2）申请人提交的材料； （3）核准受理决定； （4）鉴定评审通知书（变更、减项、补领证书无此项）； （5）鉴定评审报告（变更、减项、补领证书无此项）； （6）送达回证； （7）备考表。 工作时限：送达后 3 个月内
18	核准质量要求	1. 正确率 100%； 2. 及时率 100%； 3. 下一环节监督上一环节作业质量

3.6　特种设备综合检验机构核准指南

指南制定目的：方便申请者了解特种设备综合检验机构核准的程序和要求，做好迎接核准工作，以便顺利通过核准；规范审批机关许可工作。

指南适用对象：核准申请者和核准审批机关。

特种设备综合检验机构核准指南见表 3-6。

表3-6　特种设备综合检验机构核准指南

序号	项目	内容
1	办理目的	1. 通过特种设备综合检验机构核准，使申请单位获得法定的特种设备综合检验资格； 2. 使特种设备安全监察机构能借助许可平台及时开展监察和服务，督促获许可单位落实安全主体责任
2	受理方式	网上办理或窗口办理
3	审批结果	特种设备检验检测机构核准证
4	受理机构	国家市场监督管理总局
5	通办范围	全国范围
6	办理地址、办理时间、联系电话	国家市场监督管理总局的办理地址、办理时间及联系电话如下： 办理地址：北京市海淀区马甸东路 9 号一层办事大厅。 办理时间：周一至周五，上午 8:30 —11:30，下午 13:30 —17:00（法定节假日除外）。

表 3-6（续）

序号	项目	内容
6	办理地址、办理时间、联系电话	联系电话：010-82261762（锅炉、压力容器），010-82261763（压力管道元件、压力管道设计、安全附件），010-82260344（起重机械），010-82260381（电梯、大型游乐设施、客运索道、厂车），010-82261672（压力管道安装、特种设备检验检测机构）
7	结果送达	做出行政决定后，应在 10 个工作日内，通过电话、网上公告等方式通知或告知服务对象，并通过邮寄或现场领取等方式将结果送达
8	办理时限	在 20 个工作日内办结。其中，办理过程中所需的鉴定评审时间不计入时限。鉴定评审所用时间主要受到申请单位准备评审以及约定评审时间等因素影响，一般不超过 12 个月
9	监督和投诉渠道	现场、电话（010-82261751）、传真（010-82261751）、信函
10	办理依据	1.《中华人民共和国特种设备安全法》 第五十条　从事本法规定的监督检验、定期检验的特种设备检验机构，以及为特种设备生产、经营、使用提供检测服务的特种设备检测机构，应当具备下列条件，并经负责特种设备安全监督管理的部门核准，方可从事检验、检测工作： （一）有与检验、检测工作相适应的检验、检测人员； （二）有与检验、检测工作相适应的检验、检测仪器和设备； （三）有健全的检验、检测管理制度和责任制度。 2.《特种设备安全监察条例》 第四十一条　从事本条例规定的监督检验、定期检验、型式试验以及专门为特种设备生产、使用、检验检测提供无损检测服务的特种设备检验检测机构，应当经国务院特种设备安全监督管理部门核准。 特种设备使用单位设立的特种设备检验检测机构，经国务院特种设备安全监督管理部门核准，负责本单位核准范围内的特种设备定期检验工作。 3. TSG Z7001—2004《特种设备检验检测机构核准规则》 第二条　本规则适用于特种设备检验检测机构（型式试验机构除外）的核准。 第三条　核准分为首次核准、增项核准、换证核准。 第四条　经过核准的特种设备检验检测机构，方可从事核准项目内的检验检测工作。 第五条　特种设备综合检验机构的核准条件分为甲、乙和丙三类。 4. TSG Z7003—2004《特种设备检验检测机构质量管理体系要求》 第二条　检验检测机构的质量管理体系的构成应当与其自身特有的检验检测活动和运行方式相适应
11	申请条件	1. 申请人条件 （1）有独立法人资格（特种设备使用单位设立的检验机构和中央企业设立的检验机构除外）。从事监督检验的机构应具有不以营利为目的的公益性事业法人资格。

表 3–6（续）

序号	项目	内容
11	申请条件	（2）有相应的检验检测人员、专业技术人员，技术负责人具有特种设备检验师（或相关专业工程师）及以上资格。 （3）有相应的场地、设备和检测试验手段。 （4）有健全的质量管理体系和各项管理制度，并能有效运转。 （5）有相应的安全技术规范、标准。 （6）能够保证检验检测质量符合安全技术规范的基本要求。 2. 具备或符合以上条件的，准予批准。 3. 不具备或不符合以上条件之一的，不予批准
12	申请材料	1.《特种设备检验检测机构核准申请书》封面（如需纸质版，可在系统中打印 1 份，并加盖申请机构公章。《特种设备检验检测机构核准申请书》在系统中填写并提交）。 2.《特种设备检验检测机构核准申请书》中的"申请核准项目"表（如需纸质版，可在系统中打印 1 份，由申请机构法定代表人签字，并加盖申请机构公章。《特种设备检验检测机构核准申请书》在系统中填写并提交）。 3. 营业执照［由具有法人资格的市场监督管理部门（原工商行政管理部门）发放。因特殊情况不能进行网上申请的，应提交复印件 1 份，并加盖公章］。 4. 原核准证（适用于延续或者增项核准）。 5. 质量管理体系文件（质量管理手册和程序文件电子版）。 6.《特种设备检验检测机构核准申请书》（在系统中填写并提交，如需纸质版，可在系统中打印 1 份）
13	办理流程	企业提交申请→承办人员现场审查材料→受理符合条件的申请（对不符合条件或申请材料不全的，一次性告知当场不予受理的理由）→进行网上注册登记→审核盖章（承办人员、处负责人、主管局长逐级审核签字）→发证（详见附录 22）。 1. 首次核准、换证核准、增项核准 （1）申请材料不符合要求的，核准机关应当在接到申请材料之日起 5 个工作日内一次性告知申请机构需要补正的全部内容；申请材料符合要求的，核准机关应当在 5 个工作日内做出是否受理的决定。 （2）申请机构自受理之日起 12 个月内未约请鉴定评审的，本次受理自行失效。 （3）鉴定评审材料不齐全或者鉴定评审过程不符合程序规定的，应当要求鉴定评审机构在 3 个工作日内做出补充说明，或者在 10 个工作日内重新安排鉴定评审。 （4）审批和发证工作应当在核准机关接到鉴定评审材料之日起 30 个工作日内完成。 （5）在本核准周期内未发生行政处罚、责任事故、质量安全问题和质量投诉未结案等情况，且满足相应许可条件中所规定生产业绩的生产单位，在其许可证有效期届满前，采取自我声明承诺持续满足许可条件要求的方式申请直接换证，免除鉴定评审，但不得连续两个许可周期申请直接换证。不符合上述要求的特种设备生产单位，不得采取自我声明承诺的方式申请直接换证。

表 3-6（续）

序号	项目	内容
13	办理流程	2. 变更 持有《特种设备检验检测机构核准证》的特种设备检验检测机构，其机构名称、地址、所有制形式、隶属关系、分支机构等在有效期内发生变更的，应当在变更之日起 15 日内到原核准机关办理变更备案手续，同时告知其所在地省级市场监督管理部门。由于机构搬迁、改制以及其他不可抗力等原因不能如期换证的特种设备检验检测机构，应当在《特种设备检验检测机构核准证》有效期届满前的 30 日以前办理延续核准手续，但延续时间一般不超过 1 年。延续时间在下一个核准有效期内扣除
14	收费标准及依据	不收费
15	申请人权利和义务	1. 根据《中华人民共和国行政许可法》等法律、法规的规定，申请人享有以下权利： （1）符合法定条件、标准的，申请人有依法取得行政许可的平等权利，行政机关不得歧视。 （2）申请人对行政机关有关行政许可公示内容有要求解释、说明的权利。 （3）申请人对行政机关实施行政许可，享有陈述权、申辩权。 （4）申请人对行政机关做出的准予行政许可决定有权查阅。 （5）申请人对行政机关实施行政许可有权依法申请行政复议或者提起行政诉讼。 （6）申请人合法权益因行政机关违法实施行政许可受到损害的，申请人有权依法要求赔偿。 （7）申请人发现违法从事许可事项的活动，有权向行政机关举报。 （8）申请人依法应当享有的其他权利。 2. 根据《中华人民共和国行政许可法》等法律、法规的规定，申请人享有以下义务： （1）申请人申请行政许可，应当如实向行政机关提交有关材料和反映真实情况，并对其申请材料实质内容的真实性负责。 （2）申请人获得许可后有义务接受行政机关的检查，应当如实提供有关情况和材料。 （3）申请人依法应当履行的其他义务
16	结果样本	

表 3–6（续）

序号	项目	内容
17	核准资料归档	由承办人员将相关资料归档。应归档资料包括： （1）目录； （2）申请人提交的材料； （3）核准受理决定； （4）鉴定评审通知书（变更、减项、补领证书无此项）； （5）鉴定评审报告（变更、减项、补领证书无此项）； （6）送达回证； （7）备考表。 工作时限：送达后 3 个月内
18	核准质量要求	1. 正确率 100%； 2. 及时率 100%； 3. 下一环节监督上一环节作业质量

3.7　特种设备无损检测人员资格认定指南

指南制定目的：方便申请者了解特种设备无损检测人员资格认定的程序和要求，做好迎接认定工作，以便顺利通过认定；规范审批机关认定工作。

指南适用对象：申请人和认定机构。

特种设备无损检测人员资格认定指南见表 3–7。

表3–7　特种设备无损检测人员资格认定指南

序号	项目	内容
1	办理目的	1. 通过特种设备无损检测人员资格认定，使申请人获得法定的特种设备无损检测资格； 2. 使特种设备安全监察机构能借助许可平台及时开展监察和服务，督促获认定人员落实安全主体责任
2	受理方式	网上办理或窗口办理
3	审批结果	中华人民共和国特种设备检验检测人员证（无损检测人员）
4	受理机构	国家市场监督管理总局或省级市场监督管理局。国家市场监督管理总局和省级市场监督管理局受理权限划分见《市场监管总局关于特种设备行政许可有关事项的公告》附件 3《特种设备检验检测人员资格认定项目》

表 3–7（续）

序号	项目	内容
5	办理地址、办理时间、联系电话	1. 国家市场监督管理总局的办理地址、办理时间及联系电话如下： 办理地址：北京市海淀区马甸东路 9 号一层办事大厅。 办理时间：周一至周五，上午 8：30 —11：30，下午 13：30 —17：00（法定节假日除外）。 联系电话：010–82261762（锅炉、压力容器），010–82261763（压力管道元件、压力管道设计、安全附件），010–82260344（起重机械），010–82260381（电梯、大型游乐设施、客运索道、厂车），010–82261672（压力管道安装、特种设备检验检测机构）。 2. 省级市场监督管理局的办理地址、办理时间及联系电话见其网站
6	结果送达	做出行政决定后，通过电话、网上公告等方式通知或告知服务对象，并通过邮寄或现场领取等方式将结果送达
7	办理时限	法定办结时限为 20 个工作日。承诺办结时限以受理机构对外公布的时限为准
8	监督和投诉渠道	现场、电话、传真或邮寄信函至申请地市场监督管理局监察室
9	办理依据	1.《中华人民共和国特种设备安全法》 第十四条　特种设备安全管理人员、检测人员和作业人员应当按照国家有关规定取得相应资格，方可从事相关工作。特种设备安全管理人员、检测人员和作业人员应当严格执行安全技术规范和管理制度，保证特种设备安全。 第五十一条　特种设备检验、检测机构的检验、检测人员应当经考核，取得检验、检测人员资格，方可从事检验、检测工作。 特种设备检验、检测机构的检验、检测人员不得同时在两个以上检验、检测机构中执业；变更执业机构的，应当依法办理变更手续。 2.《特种设备安全监察条例》 第四十四条　从事本条例规定的监督检验、定期检验、型式试验和无损检测的特种设备检验检测人员应当经国务院特种设备安全监督管理部门组织考核合格，取得检验检测人员证书，方可从事检验检测工作。 3.《国务院对确需保留的行政审批项目设定行政许可的决定》 附件第 249 项：压力管道的设计、安装、使用、检验单位和人员资格认定，由原国家质量监督检验检疫总局和县级以上地方人民政府质量技术监督部门实施。 4.《国务院关于取消和下放一批行政审批项目等事项的决定》
10	申请条件	1. 首次申请、增项无损检测人员的申请条件： （1）年龄在 18 周岁以上且不超过 60 周岁，具有完全民事行为能力。 （2）学历、无损检测经历等资历满足申请项目和级别的要求。 （3）申请射线检测、磁粉检测、渗透检测、漏磁检测的，单眼或者双眼裸视力或者矫正视力达到 GB/T 11533—2011《标准对数视力表》的 5.0 级以上；申请超声检测、声发射检测、涡流检测的，单眼或者双眼裸视力或者矫正视力达到 GB/T 11533—2011《标准对数视力表》的 4.8 级以上。申请磁粉检测、渗透检测的，不得有色盲。 （4）具备相应的特种设备无损检测知识和技能。

表 3-7（续）

序号	项目	内容
10	申请条件	2. 换证条件： （1）年龄不超过 65 周岁。 （2）证书有效期届满前的 6 个月以前，18 个月以内。 （3）申请射线检测、磁粉检测、渗透检测、漏磁检测的，单眼或者双眼裸视力或者矫正视力达到 GB/T 11533—2011《标准对数视力表》的 5.0 级以上；申请超声检测、声发射检测、涡流检测的，单眼或者双眼裸视力或者矫正视力达到 GB/T 11533—2011《标准对数视力表》的 4.8 级以上。申请磁粉检测、渗透检测的，不得有色盲。 （4）未违反以下任何一条规定： a）应当坚持独立公正原则，拒绝签发虚假的检测报告； b）应当正确保管和使用本人的注册资格及中华人民共和国特种设备检验检测人员证，不涂改、倒卖、出租、出借或者以其他形式转让注册资格和中华人民共和国特种设备检验检测人员证； c）不得同时在两个或者两个以上单位执业
11	申请材料	1.《特种设备检验检测人员资格申请表》（见附录 28）； 2. 视力诊断书； 3. 身份证； 4. 学历证书； 5. 自我承诺书（换证人员）
12	办理流程	1. 新办证、增项 申请人提交申请→承办人员现场审查材料→受理符合条件的申请（对不符合条件或申请材料不全的，一次性告知当场不予受理的理由）→进行网上注册登记→审核盖章（承办人员、处负责人、主管局长逐级审核签字）→发证（详见附录 29）。 2. 换证 特种设备作业人员（含安全管理人员，下同）在资格证书有效期届满前提交换证申请，发证机关核验通过后，直接办理换证。资格证书有效期逾期的，特种设备作业人员应重新申请取证。特种设备作业人员申请换证时所提供的申请材料简化为换证申请表，中华人民共和国特种设备作业人员证（中华人民共和国特种设备安全管理人员证）原件，现用人单位出具的无违章作业、未发生责任事故等的证明。除焊接操作人员外，其他作业人员换证一律不需要考试。不再要求换证申请人员提供安全教育和培训证明、持续作业时间证明和体检报告
13	收费标准及依据	不收费
14	申请人权利和义务	1. 根据《中华人民共和国行政许可法》等法律、法规的规定，申请人享有以下权利： （1）符合法定条件、标准的，申请人有依法取得行政许可的平等权利，行政机关不得歧视。 （2）申请人对行政机关有关行政许可公示内容有要求解释、说明的权利。 （3）申请人对行政机关实施行政许可，享有陈述权、申辩权。

表 3-7（续）

序号	项目	内容
14	申请人权利和义务	（4）申请人对行政机关做出的准予行政许可决定有权查阅。 （5）申请人对行政机关实施行政许可有权依法申请行政复议或者提起行政诉讼。 （6）申请人合法权益因行政机关违法实施行政许可受到损害的，申请人有权依法要求赔偿。 （7）申请人发现违法从事许可事项的活动，有权向行政机关举报。 （8）申请人依法应当享有的其他权利。 2. 根据《中华人民共和国行政许可法》等法律、法规的规定，申请人享有以下义务： （1）申请人申请行政许可，应当如实向行政机关提交有关材料和反映真实情况，并对其申请材料实质内容的真实性负责。 （2）申请人获得许可后有义务接受行政机关的检查，应当如实提供有关情况和材料。 （3）申请人依法应当履行的其他义务
15	结果样本	 中华人民共和国 特种设备检验检测人员证 （无损检测人员）
16	认定资料归档	由承办人员将相关资料归档。应归档资料包括： （1）目录； （2）资格认可决定书； （3）资格证复印件； （4）送达回证； （5）申请人提交的材料； （6）资格认可受理决定； （7）考试成绩通知书（变更、减项、补领证书无此项）； （8）备考表。 工作时限：送达后 3 个月内
17	认定质量要求	1. 正确率 100%； 2. 及时率 100%； 3. 下一环节监督上一环节作业质量

3.8　特种设备作业人员资格认定指南

指南制定目的：方便申请者了解特种设备作业人员资格认定的程序和要求，做好迎接认定工作，以便顺利通过认定；规范审批机关认定工作。

指南适用对象：申请人和认定机构。

特种设备作业人员资格认定指南见表 3–8。

表3–8　特种设备作业人员资格认定指南

序号	项目	内容
1	办理目的	1. 通过特种设备作业人员资格认定，使申请人获得法定的特种设备作业资格； 2. 使特种设备安全监察机构能借助许可平台及时开展监察和服务，督促获认定人员落实安全主体责任
2	受理方式	网上办理或窗口办理
3	审批结果	中华人民共和国特种设备作业人员证、中华人民共和国特种设备安全管理人员证
4	受理机构	省级市场监督管理局或其委托的市场监督管理局
5	办理地址、办理时间、联系电话	省级市场监督管理局或其委托的市场监督管理局的办理地址、办理时间及联系电话见其网站
6	结果送达	做出行政决定后，通过电话、网上公告等方式通知或告知服务对象，并通过邮寄或现场领取等方式将结果送达
7	办理时限	法定办结时限为 20 个工作日。承诺办结时限以受理机构对外公布的时限为准
8	监督和投诉渠道	现场、电话、传真或邮寄信函至申请地市场监督管理局监察室
9	办理依据	1.《中华人民共和国特种设备安全法》 第十四条　特种设备安全管理人员、检测人员和作业人员应当按照国家有关规定取得相应资格，方可从事相关工作。特种设备安全管理人员、检测人员和作业人员应当严格执行安全技术规范和管理制度，保证特种设备安全。 2.《特种设备安全监察条例》 第三十八条　锅炉、压力容器、电梯、起重机械、客运索道、大型游乐设施、场（厂）内专用机动车辆的作业人员及其相关管理人员（以下统称特种设备作业人员），应当按照国家有关规定经特种设备安全监督管理部门考核合格，取得国家统一格式的特种作业人员证书，方可从事相应的作业或者管理工作。

表 3–8（续）

序号	项目	内容
9	办理依据	3.《国务院对确需保留的行政审批项目设定行政许可的决定》 附件第 249 项：压力管道的设计、安装、使用、检验单位和人员资格认定，由原国家质量监督检验检疫总局和县级以上地方人民政府质量技术监督部门实施。 4.《国务院关于取消和下放一批行政审批项目等事项的决定》
10	申请条件	1. 申请中华人民共和国特种设备作业人员证（中华人民共和国特种设备安全管理人员证）的人员应当符合下列条件： （1）年龄在 18 周岁以上且不超过 60 周岁，并且具有完全民事行为能力；焊接作业人员年龄在 18 周岁以上且不超过 51 周岁。 （2）无妨碍从事作业的疾病和生理缺陷，并满足申请从事的作业项目对身体条件的要求。 （3）具有初中以上学历，并满足相应申请作业项目要求的文化程度。 （4）符合相应考试大纲的专项要求。 2. 复审换证的人员应当符合下列条件： （1）持有有效的中华人民共和国特种设备作业人员证（中华人民共和国特种设备安全管理人员证），且在持证项目有效期届满前 1 个月提出复审申请；焊接作业人员应在持证项目有效期届满前 3 个月提出复审申请。 （2）年龄不超过 65 周岁；焊接作业人员年龄不超过 55 周岁。 （3）持证期间，无违章作业，未发生责任事故；焊接作业人员无因违反工艺纪律以致发生重大质量事故的情况。 （4）持证期间，中华人民共和国特种设备作业人员证（中华人民共和国特种设备安全管理人员证）的聘用记录中所从事持证项目的作业时间连续中断未超过 1 年。 （5）焊接作业人员重新考核合格项目或者抽考合格项目。 3. 证件遗失或损毁补证的条件如下： （1）持证人员应提供遗失补证申请表； （2）向原发证机关申请补办
11	申请材料	见表 3–9、表 3–10 及表 3–11
12	办理流程	1. 申请。通过窗口或网上提交申请材料。 2. 受理。现场受理时，申请材料齐全且申请被受理的，申请人获得受理机构出具的《业务收件回执》或受理通知书；申请不被受理的，申请人获得受理机构出具的不予受理通知书。 3. 审核。审核盖章（承办人员、处负责人、主管局长逐级审核签字）。 4. 获取办理结果。 对资格认定通过的人员，颁发中华人民共和国特种设备作业人员证或中华人民共和国特种设备安全管理人员证。证书有效期为 4 年，需在证书到期前 3 个月申请复审
13	收费标准及依据	不收费

表 3-8（续）

序号	项目	内容
14	申请人权利和义务	1. 根据《中华人民共和国行政许可法》等法律、法规的规定，申请人享有以下权利： （1）符合法定条件、标准的，申请人有依法取得行政许可的平等权利，行政机关不得歧视。 （2）申请人对行政机关有关行政许可公示内容有要求解释、说明的权利。 （3）申请人对行政机关实施行政许可，享有陈述权、申辩权。 （4）申请人对行政机关做出的准予行政许可决定有权查阅。 （5）申请人对行政机关实施行政许可有权依法申请行政复议或者提起行政诉讼。 （6）申请人合法权益因行政机关违法实施行政许可受到损害的，申请人有权依法要求赔偿。 （7）申请人发现违法从事许可事项的活动，有权向行政机关举报。 （8）申请人依法应当享有的其他权利。 2. 根据《中华人民共和国行政许可法》等法律、法规的规定，申请人享有以下义务： （1）申请人申请行政许可，应当如实向行政机关提交有关材料和反映真实情况，并对其申请材料实质内容的真实性负责。 （2）申请人获得许可后有义务接受行政机关的检查，应当如实提供有关情况和材料。 （3）申请人依法应当履行的其他义务
15	结果样本	 
16	认定资料归档	由承办人员将相关资料归档。应归档资料包括： （1）目录； （2）资格认可决定书； （3）资格证复印件； （4）送达回证； （5）申请人提交的材料； （6）资格认可受理决定； （7）备考表。 工作时限：送达后 3 个月内
17	认定质量要求	1. 正确率 100%； 2. 及时率 100%； 3. 下一环节监督上一环节作业质量

表3-9　首次申请特种设备作业人员资格认定材料目录

序号	材料名称	原件 / 复印件	数量	材料形式	要求	备注
1	《特种设备作业人员考核申请表》（含附件，见附录30）	■原件 □复印件	1份	纸质	申请人签名	申请表应包含照片、身份证明
2	考试合格证明	■原件 □复印件	1份	纸质	—	—

表3-10　复审特种设备作业人员资格认定材料目录

序号	材料名称	原件 / 复印件	数量	材料形式	要求	备注
1	《特种设备作业人员复审申请表》（含附件，见附录31）	■原件 □复印件	1份	纸质	申请人签名	申请表应包含原作业人员证、照片、无违章证明
2	考试合格证明（如果适用）	■原件 □复印件	1份	纸质	—	除焊接操作人员外，其他作业人员复审一律不需要考试

注1：跨地区作业人员申请复审时，须在“全国特种设备公示信息查询平台”查询证书信息，确定原证书的有效性；未查询到证书信息的，要求回原发证机关处理。

注2：复审不合格、证书有效期逾期未申请复审的持证人员，其证书中的该项目失效，需重新申请取证。

注3：复审免考作业人员一般先登录申请人所在地省级“特种设备作业人员考核管理平台”提交复审申请，经发证机关资格审查无误后，再提交纸质申请材料。

表3-11　遗失补证特种设备作业人员资格认定材料目录

序号	材料名称	原件 / 复印件	数量	材料形式	要求	备注
1	《特种设备作业人员补（改）证申请表》（见附录32）	■原件 □复印件	1份	纸质	用人单位加盖公章	在申请表中粘贴身份证复印件

注1：跨地区作业人员遗失补证须向原发证机关申请。

注2：遗失补证需由原考试机构核实考试信息并加盖公章。

第4章　特种设备施工告知、使用登记指南

4.1　特种设备安装、改造、修理告知指南

指南制定目的：方便施工告知者了解特种设备施工告知的程序和要求，履行好告知义务；规范特种设备安全监察机构受理告知工作。

指南适用对象：申请人（施工单位）和监察机构。

特种设备安装、改造、修理告知指南见表4–1。

表4–1　特种设备安装、改造、修理告知指南

序号	项目	内容
1	告知目的	1. 施工单位履行告知义务； 2. 便于法定的检验机构安排安装、改造和修理检验工作； 3. 使特种设备安全监察机构能借助监察平台及时开展监察和服务，督促施工单位落实安全主体责任
2	受理方式	网上办理或窗口办理
3	办理结果	《特种设备安装改造修理告知书》
4	受理机构	安装、改造、修理行为发生地的直辖市或者设区的市级人民政府负责特种设备安全监督管理的市场监督管理局或其委托的机构
5	办理地址、办理时间、联系电话	受理告知的市场监督管理局或其委托的机构的办理地址、办理时间及联系电话见其网站
6	结果送达	通常当场办理，现场交付，无需送达；网上公告
7	办理时限	法定办结时限为两个工作日。通常当场办理
8	监督和投诉渠道	通过现场、电话、传真、信函的方式向申请地市场监督管理局监察室提出
9	办理依据	《中华人民共和国特种设备安全法》 第二十三条　特种设备安装、改造、修理的施工单位应当在施工前将拟进行的特种设备安装、改造、修理情况书面告知直辖市或者设区的市级人民政府负责特种设备安全监督管理的部门

表 4–1（续）

序号	项目	内容
10	受理条件	1. 施工单位持特种设备安装、改造、修理许可证，并且承接的工程在许可范围内； 2. 符合国家产业政策的规定，不存在国家明令淘汰和禁止投资建设的落后工艺，高耗能、污染环境、浪费资源的情况
11	告知材料	1.《特种设备安装改造修理告知书》（见附录 33）； 2.《特种设备安装改造修理告知书告知设备清单》（见附录 34）； 3. 特种设备使用单位统一社会信用代码的证明复印件； 4. 施工单位的特种设备安装、改造、修理许可证
12	办理流程	见附录 35。 1. 承办人员受理申请。受理要求如下： （1）申请人应取得相应的特种设备安装、改造、修理资格； （2）申请人不得伪造、涂改、出租、出借、转让生产许可证证书； （3）申请人应在“网上政务服务系统”内认真填写相关内容，并对填写内容的准确性、真实性负责； （4）申请人应接受、配合有关部门进行监督检查； （5）如果不是当场办理的，填写《特种设备业务办理资料接收回执》（见附录 36），并交申请人。 2. 科 / 股负责人审查与决定。审查要求如下： （1）申请人具有相应的特种设备安装、改造、修理资格； （2）符合国家产业政策的规定，不存在国家明令淘汰和禁止投资建设的落后工艺，高耗能、污染环境、浪费资源的情况； （3）法律、行政法规有其他规定的，还应当符合其规定。 3. 承办人员发放与送达结果。符合条件的，受理后当场发放《特种设备安装改造修理告知书》
13	收费标准及依据	不收费
14	结果样本	见附录 33
15	监察机构资料归档	由承办人员将相关资料归档。应归档资料包括： （1）目录； （2）《特种设备安装改造修理告知书》； （3）特种设备安装改造维修告知结果回执； （4）备考表。 工作时限：送达后 3 个月内
16	办理告知质量要求	1. 及时率 100%； 2. 下一环节监督上一环节作业质量

4.2　特种设备使用登记（按单位办理，新登记）指南

指南制定目的：方便申请办理特种设备使用登记者了解办理特种设备使用登记的程序和要求，以便顺利办理特种设备使用登记；规范特种设备安全监察机构办理特种设备使用登记工作。

指南适用对象：特种设备使用或产权单位（自然人、企事业单位法人、社会团体）和使用登记机关。

特种设备使用登记（按单位办理，新登记）指南见表 4-2。

表4-2　特种设备使用登记（按单位办理，新登记）指南

序号	项目	内容
1	办理目的	1. 通过办理使用登记，使特种设备合法使用； 2. 使特种设备安全监察机构能借助监察平台及时开展监察和服务，督促特种设备使用单位落实安全主体责任
2	受理方式	网上办理或窗口办理
3	办理结果	特种设备使用登记证
4	受理机构	按权限受理（见附录 37）
5	办理地址、办理时间、联系电话	1. 国家市场监督管理总局的办理地址、办理时间及联系电话如下： 办理地址：北京市海淀区马甸东路 9 号一层办事大厅。 办理时间：周一至周五，上午 8:30 —11:30，下午 13:30 —17:00（法定节假日除外）。 联系电话：010-82261762（锅炉、压力容器），010-82261763（压力管道元件、压力管道设计、安全附件），010-82260344（起重机械），010-82260381（电梯、大型游乐设施、客运索道、厂车），010-82261672（压力管道安装、特种设备检验检测机构）。 2. 省级和市级市场监督管理局的办理地址、办理时间及联系电话见其网站
6	结果送达	窗口领取、代理人送达、委托送达、公告送达、邮寄送达
7	办理时限	法定办结时限为 15 个工作日。承诺办结时限以受理机构对外公布的时限为准
8	监督和投诉渠道	通过现场、电话、传真、信函的方式向申请地市场监督管理局监察室提出
9	办理依据	1.《中华人民共和国特种设备安全法》 第三十三条　特种设备使用单位应当在特种设备投入使用前或者投入使用后三十日内，向负责特种设备安全监督管理的部门办理使用登记，取得使用登记证书。登记标志应当置于该特种设备的显著位置。 2.《特种设备安全监察条例》 第二十五条　特种设备在投入使用前或者投入使用后 30 日内，特种设备使用单位应当向直辖市或者设区的市的特种设备安全监督管理部门登记。登记标志应当置于或者附着于该特种设备的显著位置

表 4–2（续）

序号	项目	内容
10	受理条件	符合以下全部条件可以申请特种设备使用登记： （1）申请人一般应是持有统一社会信用代码证明的单位或者具有身份证明的个人； （2）所使用的特种设备是合法的特种设备； （3）对生产过程要求进行监督检验的特种设备，已经有资格的检验单位监督检验合格； （4）与特种设备相关的安全附件、安全保护装置、测量调控装置及附属仪器仪表等要求进行定期校验的，已经有资格的单位校验合格，且在有效期内； （5）有与所使用特种设备相适应的特种设备作业人员，作业人员持有有效的中华人民共和国特种设备作业人员证（中华人民共和国特种设备安全管理人员证），且被使用单位聘用； （6）建立了符合相关安全技术规范要求的特种设备安全技术档案； （7）建立了特种设备安全管理制度和岗位安全责任制度； （8）制定了特种设备事故应急专项预案
11	申请材料	1.《特种设备使用登记表（按单位办理）》（见附录 38）； 2. 监督检验、定期检验证明； 3.《压力管道基本信息汇总表——工业管道》（见附录 39）； 4.《气瓶基本信息汇总表》（见附录 40）
12	办理流程	特种设备使用单位提交申请→承办人员现场审查材料→受理符合条件的申请（对不符合条件或申请材料不全的，一次性告知当场不予受理的理由）→进行网上注册登记→审核盖章（承办人员、科 / 股负责人、主管局长逐级审核签字）→发证（详见附录 41）
13	收费标准及依据	不收费
14	申请人权利和义务	1. 根据《中华人民共和国行政许可法》等法律、法规的规定，申请人享有以下权利： （1）符合法定条件、标准的，申请人有依法取得行政许可的平等权利，行政机关不得歧视。 （2）申请人对行政机关有关行政许可公示内容有要求解释、说明的权利。 （3）申请人对行政机关实施行政许可，享有陈述权、申辩权。 （4）申请人对行政机关做出的准予行政许可决定有权查阅。 （5）申请人对行政机关实施行政许可有权依法申请行政复议或者提起行政诉讼。 （6）申请人合法权益因行政机关违法实施行政许可受到损害的，申请人有权依法要求赔偿。 （7）申请人发现违法从事许可事项的活动，有权向行政机关举报。 （8）申请人依法应当享有的其他权利。 2. 根据《中华人民共和国行政许可法》等法律、法规的规定，申请人享有以下义务：

表 4–2（续）

序号	项目	内容
14	申请人权利和义务	（1）申请人申请行政许可，应当如实向行政机关提交有关材料和反映真实情况，并对其申请材料实质内容的真实性负责。 （2）申请人获得许可后有义务接受行政机关的检查，应当如实提供有关情况和材料。 （3）申请人依法应当履行的其他义务
15	结果样本	 特种设备使用登记证 Certificate of Special Equipment Service Registration 编号:浙 32 号 DA0001 (19) 按照《中华人民共和国特种设备安全法》的规定，依据特种设备安全技术规范要求，予以使用登记。 使用单位名称: 设备使用地点: 设备种类：　设备类别： 设备品种：　单位内编号： 设备代码：　产品编号： 登记机关： 发证日期： 依据安全技术规范的要求，应当在定期检验确定的有效期和技术参数范围内使用。
16	登记机关资料归档	由承办人员将相关资料归档。应归档资料包括： （1）目录； （2）《特种设备使用登记表》，监督检验、定期检验证明等； （3）审批过程记录； （4）特种设备使用登记证； （5）备考表。 工作时限：送达后 3 个月内
17	办理登记质量要求	1. 正确率 100%； 2. 及时率 100%； 3. 下一环节监督上一环节作业质量

注 1：锅炉与用热设备之间的连接管道总长度小于或等于 1000 m 时，压力管道随锅炉一同办理使用登记；包含压力容器的撬装式承压设备系统或者机械设备系统中的压力管道可以随其压力容器一同办理使用登记。登记时另提交压力管道元件的产品合格证（含产品数据表）。

注 2：特种设备使用登记具体程序和要求详见《基层特种设备安全监察简明手册》[中国质量标准出版传媒有限公司（中国标准出版社），2021 年 1 月第三次印刷] 第 4 章 4.3.2。

4.3　特种设备使用登记变更（按单位办理）指南

办理特种设备重新启用，特种设备达到设计使用年限继续使用，气瓶品种变更，特种设备补证、过户、更名（含单位地址变更）等使用登记变更（按单位办理）业务，申请人填写《特种设备使用登记表（按单位办理）》，办理停用、报废和注销业务，申请人填写《特种设备停用报废注销登记表》（见附录 42），并持有关材料（所需材料登录申请地市场监督管理局网站政务公开栏目查阅）向原登记机关提出申请，原登记机关参照表 4–2 办理。

4.4 特种设备使用登记（按台/套办理，新登记）指南

指南制定目的：方便申请办理特种设备使用登记者了解办理特种设备使用登记的程序和要求，以便顺利办理特种设备使用登记；规范特种设备安全监察机构办理特种设备使用登记工作。

指南适用对象：特种设备使用或产权单位和使用登记机关。

特种设备使用登记（按台 / 套办理，新登记）指南见表 4–3。

表4–3 特种设备使用登记（按台/套办理，新登记）指南

序号	项目	内容
1	办理目的	1. 通过办理使用登记，使特种设备合法使用； 2. 使特种设备安全监察机构能借助监察平台及时开展监察和服务，督促特种设备使用单位落实安全主体责任
2	受理方式	网上办理或窗口办理
3	办理结果	特种设备使用登记证
4	受理机构	按权限受理（见附录 37）
5	办理地址、办理时间、联系电话	1. 国家市场监督管理总局的办理地址、办理时间及联系电话如下： 办理地址：北京市海淀区马甸东路 9 号一层办事大厅。 办理时间：周一至周五，上午 8:30 —11:30，下午 13:30 —17:00（法定节假日除外）。 联系电话：010–82261762（锅炉、压力容器），010–82261763（压力管道元件、压力管道设计、安全附件），010–82260344（起重机械），010–82260381（电梯、大型游乐设施、客运索道、厂车），010–82261672（压力管道安装、特种设备检验检测机构）。 2. 省级和市级市场监督管理局的办理地址、办理时间及联系电话见其网站
6	结果送达	窗口领取、代理人送达、委托送达、公告送达、邮寄送达
7	办理时限	法定办结时限为 15 个工作日。承诺办结时限以受理机构对外公布的时限为准
8	监督和投诉渠道	通过现场、电话、传真、信函的方式向申请地市场监督管理局监察室提出

表 4–3（续）

序号	项目	内容
9	办理依据	1.《中华人民共和国特种设备安全法》 第三十三条　特种设备使用单位应当在特种设备投入使用前或者投入使用后三十日内，向负责特种设备安全监督管理的部门办理使用登记，取得使用登记证书。登记标志应当置于该特种设备的显著位置。 2.《特种设备安全监察条例》 第二十五条　特种设备在投入使用前或者投入使用后 30 日内，特种设备使用单位应当向直辖市或者设区的市的特种设备安全监督管理部门登记。登记标志应当置于或者附着于该特种设备的显著位置
10	受理条件	符合以下全部条件可以申请特种设备使用登记： （1）申请人一般应是持有统一社会信用代码证明的单位或者具有身份证明的个人； （2）所使用的特种设备是合法的特种设备； （3）对生产过程要求进行监督检验的特种设备，已经有资格的检验单位监督检验合格； （4）与特种设备相关的安全附件、安全保护装置、测量调控装置及附属仪器仪表等要求进行定期校验的，已经有资格的单位校验合格，且在有效期内； （5）有与所使用特种设备相适应的特种设备作业人员，作业人员持有有效的中华人民共和国特种设备作业人员证（中华人民共和国特种设备安全管理人员证），且被使用单位聘用； （6）建立了符合相关安全技术规范要求的特种设备安全技术档案； （7）建立了特种设备安全管理制度和岗位安全责任制度； （8）制定了特种设备事故应急专项预案
11	申请材料	1.《特种设备使用登记表（按台 / 套办理）》（见附录 43）； 2. 特种设备产品合格证（含产品数据表、车用气瓶安全合格证）； 3. 锅炉能效证明文件（含改造后的能效测试证明）； 4. 改造质量证明资料及改造监督检验证书
12	办理流程	特种设备使用单位提交申请→承办人员现场审查材料→受理符合条件的申请（对不符合条件或申请材料不全的，一次性告知当场不予受理的理由）→进行网上注册登记→审核盖章（承办人员、处 / 科 / 股负责人、主管局长逐级审核签字）→发证（详见附录 41）
13	收费标准及依据	不收费
14	申请人权利和义务	1. 根据《中华人民共和国行政许可法》等法律、法规的规定，申请人享有以下权利： （1）符合法定条件、标准的，申请人有依法取得行政许可的平等权利，行政机关不得歧视。 （2）申请人对行政机关有关行政许可公示内容有要求解释、说明的权利。 （3）申请人对行政机关实施行政许可，享有陈述权、申辩权。 （4）申请人对行政机关做出的准予行政许可决定有权查阅。

表 4–3（续）

序号	项目	内容
14	申请人权利和义务	（5）申请人对行政机关实施行政许可有权依法申请行政复议或者提起行政诉讼。 （6）申请人合法权益因行政机关违法实施行政许可受到损害的，申请人有权依法要求赔偿。 （7）申请人发现违法从事许可事项的活动，有权向行政机关举报。 （8）申请人依法应当享有的其他权利。 2. 根据《中华人民共和国行政许可法》等法律、法规的规定，申请人享有以下义务： （1）申请人申请行政许可，应当如实向行政机关提交有关材料和反映真实情况，并对其申请材料实质内容的真实性负责。 （2）申请人获得许可后有义务接受行政机关的检查，应当如实提供有关情况和材料。 （3）申请人依法应当履行的其他义务
15	结果样本	 特种设备使用登记证 Certificate of Special Equipment Service Registration 编号:游 32 辱 DA0001 (19) 按照《中华人民共和国特种设备安全法》的规定，依据特种设备安全技术规范要求，予以使用登记。 使用单位名称: 设备使用地点: 设备种类： 设备类别： 设备品种： 单位内编号： 设备代码： 产品编号： 登记机关: 发证日期: 使用。
16	登记机关资料归档	由承办人员将相关资料归档。应归档资料包括： （1）目录； （2）《特种设备使用登记表》； （3） 特种设备使用登记证； （4）备考表。 工作时限：送达后 3 个月内
17	办理登记质量要求	1. 正确率 100%； 2. 及时率 100%； 3. 下一环节监督上一环节作业质量

注 1：特种设备使用登记具体程序和要求详见《基层特种设备安全监察简明手册》［中国质量标准出版传媒有限公司（中国标准出版社），2021 年 1 月第三次印刷］第 4 章 4.3.2。

注 2：下列两种情形的特种设备不需要或不单独办理使用登记：

（1）不需要办理使用登记的特种设备

a）锅炉：D 级锅炉。

b）压力容器：

表 4-3（续）

序号	项目	内容
——深冷装置中非独立的压力容器、直燃型吸收式制冷装置中的压力容器、铝制板翅式热交换器、过程装置中冷箱内的压力容器； ——盛装第二组介质的无壳体的套管热交换器； ——超高压管式反应器； ——移动式空气压缩机的储气罐； ——水力自动补气气压给水（无塔上水）装置中的气压罐、消防装置中的气体或者气压给水（泡沫）压力罐； ——水处理设备中的离子交换或者过滤用压力容器、热水锅炉用膨胀水箱； ——蓄能器承压壳体； ——简单压力容器； ——消防灭火用气瓶、呼吸器用气瓶、非重复充装气瓶。 使用单位应当参照 TSG 08—2017《特种设备使用管理规则》及有关安全技术规范中使用管理的相应规定，对上述不需要办理使用登记的锅炉、压力容器实施安全管理。 （2）不需要单独领取使用登记证的特种设备 锅炉房内的分汽（水）缸随锅炉一同办理使用登记；锅炉与用热设备之间的连接管道总长度小于或等于 1000m 时，压力管道随锅炉一同办理使用登记；包含压力容器的撬装式承压设备系统或者机械设备系统中的压力管道可以随其压力容器一同办理使用登记。登记时另提交分汽（水）缸、压力管道元件的产品合格证（含产品数据表）。		

4.5　特种设备使用登记变更（按台/套办理）指南

办理特种设备重新启用、达到设计使用年限继续使用、迁出（注销）、过户、移装、改造（含移装改造）、更名（含单位地址变更）、补证等使用登记变更（按台 / 套办理）业务，申请人填写《特种设备使用登记表（按台 / 套办理）》，办理停用、报废、注销业务，申请人填写《特种设备停用报废注销登记表》，并持有关材料（所需材料登录申请地市场监督管理局网站政务公开栏目查阅）向原登记机关提出申请，原登记机关参照表 4-3 办理。

第5章 特种设备安全检查和行政处罚作业指导书

5.1 《特种设备安全监察指令书》制作作业指导书

《特种设备安全监察指令书》制作作业指导书见表5-1。

表5-1 《特种设备安全监察指令书》制作作业指导书

序号	项目	内容
1	定义	《特种设备安全监察指令书》(见附录44)是特种设备安全监督管理部门在安全监察过程中，发现有违反《中华人民共和国特种设备安全法》和《特种设备安全监察条例》等规定和安全技术规范要求的行为或者在用特种设备存在安全隐患时所使用的执法文书。其内容为责令有关单位或人员及时采取措施，予以改正或者消除事故隐患
2	目的	将监察机构对行政相对人存在的违法行为或设备存在的安全隐患的处理意见，用具有法律效力的形式正式告知行政相对人
3	适用范围	适用于监察机构对辖区内特种设备的监察工作
4	职责	监察人员对发现的违法行为或设备存在的安全隐患准确并及时下达《特种设备安全监察指令书》
5	制作依据	1.《中华人民共和国档案法》; 2.《中华人民共和国特种设备安全法》; 3.《特种设备安全监察条例》; 4. 特种设备有关技术规范等
6	制作步骤、要求和注意事项	1. 全面准确了解行政相对人存在的违法行为或设备存在的安全隐患。 2. 填写编号。由县级及县级以上负责特种设备安全监督管理的部门负责统一编号。 3. 直接明了地记载问题的主要情况，要求描述事实要客观清楚、全面准确。例如，检查中发现某台设备未经定期检验，对存在的问题进行描述时，应当具体写明该台设备的登记代码；再如，作业人员未取得中华人民共和国特种设备作业人员证，应当写明作业人员的姓名及身份证号。 4. 正确选择依据。主要填写《中华人民共和国特种设备安全法》《特种设备安全监察条例》等相关规定，填写时应当明确具体的条、款、项。如果一次检查发现多个违法行为，则应当分别列明违反的法条。 5. 提出整改措施及期限。首先，依据的法律、法规要与违法行为所违反的规定相对应。其次，提出的整改措施应当针对违法行为，并结合实际情况提出整改期限。整改措施和期限要合法、合理，采取的整改措施要有相应的法律依据，整改措施和期限要与违法行为的性质相对应，避免畸轻畸重。 6. 根据相应的管辖权原则填写相应的行政复议和行政诉讼机构。行政复议机关应当同时填写上级特种设备安全监督管理部门和同级人民政府。

表 5–1（续）

序号	项目	内容
6	制作步骤、要求和注意事项	7. 签字确认。一是监察人员签名，监察人员应当是持有特种设备安全监察员证的人员。二是被检查单位签名，应当是被检查单位负责人或现场主要负责人签名；有必要时，应当加盖被检查单位公章。 8. 用印。《特种设备安全监察指令书》是具有法律效力的文书，因此，在发出《特种设备安全监察指令书》时，应当加盖特种设备安全监督管理部门的公章或者监察专用章。 9. 存档。《特种设备安全监察指令书》一式两份，分别由发出部门和被检查单位留存。保存期限应符合《中华人民共和国档案法》及相关规定（《特种设备安全监察指令书》发出后，应注意跟踪，收集行政相对人的整改材料，形成闭环）
7	制作规范汇总	依据《中华人民共和国特种设备安全法》的《特种设备安全监察指令书》制作规范汇总见表 5–2
8	制作质量要求	1. 文书及时下达率 100%； 2. 适用法律正确，程序合法； 3. 应将应知事项清楚、全面地一次性告知行政相对人； 4. 下一环节监督上一环节的工作质量
注：对特种设备生产、经营、检验检测和使用单位常见的违法行为或特种设备常见的安全隐患，依据相关法律、法规进行处理的措施和步骤详见《基层特种设备安全监察简明手册》［中国质量标准出版传媒有限公司（中国标准出版社），2021 年 1 月第三次印刷］表 5–15 ～表 5–19。		

表5–2　《特种设备安全监察指令书》制作规范汇总（依据《中华人民共和国特种设备安全法》）

序号	存在的问题	违反条款	责令改正或者消除隐患的措施	责令改正或者消除隐患的依据
1	未按照国家有关规定配备特种设备安全管理人员、检测人员和作业人员	第十三条第二款	1. 限期按照国家有关规定配备特种设备安全管理人员、检测人员和作业人员（逾期未改正的，移交执法部门立案查处）； 2. 限期将改正或消除安全隐患情况书面报告《特种设备安全监察指令书》发出单位	第八十六条第一款第一项
2	未对特种设备安全管理人员、检测人员和作业人员进行必要的安全教育和技能培训	第十三条第二款	1. 限期对特种设备安全管理人员、检测人员和作业人员进行必要的安全教育和技能培训（逾期未改正的，移交执法部门立案查处）； 2. 限期将改正或消除安全隐患情况书面报告《特种设备安全监察指令书》发出单位	第八十六条第一款第三项

表 5-2（续）

<table>
<tr><th>序号</th><th>存在的问题</th><th>违反条款</th><th>责令改正或者消除隐患的措施</th><th>责令改正或者消除隐患的依据</th></tr>
<tr><td>3</td><td>特种设备安全管理人员、检测人员和作业人员未按照国家有关规定取得相应资格，即从事相关工作</td><td>第十四条</td><td>1. 限期特种设备安全管理人员、检测人员和作业人员按照国家有关规定取得相应资格，取得相应资格后方可从事相关工作（逾期未改正的，移交执法部门立案查处）；
2. 限期将改正或消除安全隐患情况书面报告《特种设备安全监察指令书》发出单位</td><td>第八十六条第一款第二项</td></tr>
<tr><td>4</td><td>未对其生产、经营、使用的特种设备进行自行检测和维护保养</td><td>第十五条</td><td>1. 限期对其生产、经营、使用的特种设备进行自行检测和维护保养（逾期未改正的，移交执法部门立案查处）；
2. 限期将改正或消除安全隐患情况书面报告《特种设备安全监察指令书》发出单位</td><td>第八十三条第一款第三项</td></tr>
<tr><td>5</td><td>对国家规定实行检验的特种设备未及时申报并接受检验</td><td>第十五条</td><td>1. 限期向特种设备检验机构申报并接受检验（逾期未改正的，责令立即停止使用有关特种设备，并移交执法部门立案查处）；
2. 限期将改正或消除安全隐患情况书面报告《特种设备安全监察指令书》发出单位</td><td>第八十三条第一款第四项</td></tr>
<tr><td>6</td><td>未经许可从事特种设备生产活动（包括设计、制造、安装、改造、修理）</td><td>第十八条</td><td>立即停止生产活动，并立案查处</td><td>第七十四条</td></tr>
<tr><td>7</td><td>没有与生产相适应的专业技术人员</td><td rowspan="3">第十八条</td><td rowspan="3">1. 限期具备生产条件（逾期未改正的，责令停止生产，并移交执法部门立案查处）；
2. 限期将改正或消除安全隐患情况书面报告《特种设备安全监察指令书》发出单位</td><td rowspan="3">第八十一条第一款第一项</td></tr>
<tr><td>8</td><td>没有与生产相适应的设备、设施和工作场所</td></tr>
<tr><td>9</td><td>没有健全的质量保证、安全管理和岗位责任等制度</td></tr>
<tr><td>10</td><td>生产国家明令淘汰的特种设备</td><td>第十九条</td><td>立即停止生产国家明令淘汰的特种设备（同时移交执法部门立案查处）</td><td>第八十一条第二款</td></tr>
</table>

表 5-2（续）

序号	存在的问题	违反条款	责令改正或者消除隐患的措施	责令改正或者消除隐患的依据
11	锅炉、气瓶、氧舱、客运索道、大型游乐设施的设计文件，未经负责特种设备安全监督管理的部门核准的检验机构鉴定	第二十条第一款	1. 立即将设计文件提交至经负责特种设备安全监督管理的部门核准的检验机构并申请鉴定，经鉴定后方可用于制造（同时移交执法部门立案查处）； 2. 限期将改正或消除安全隐患情况书面报告《特种设备安全监察指令书》发出单位	第七十五条
12	按照安全技术规范的要求需要通过型式试验进行安全性验证的，未进行型式试验	第二十条第二款	1. 限期进行型式试验（逾期未改正的，移交执法部门立案查处）； 2. 限期将改正或消除安全隐患情况书面报告《特种设备安全监察指令书》发出单位	第七十六条
13	特种设备出厂时，未按照安全技术规范的要求随附相关技术资料和文件（设计文件、产品质量合格证明、安装及使用维护保养说明、监督检验证明等）	第二十一条	1. 限期按照安全技术规范的要求附相关技术资料和文件（逾期未改正的，移交执法部门立案查处）； 2. 限期将改正或消除安全隐患情况书面报告《特种设备安全监察指令书》发出单位	第七十七条
14	电梯制造单位未按照安全技术规范的要求对电梯进行校验、调试	第二十二条	1. 限期按照安全技术规范的要求对电梯进行校验、调试（逾期未改正的，移交执法部门立案查处）； 2. 限期将改正或消除安全隐患情况书面报告《特种设备安全监察指令书》发出单位	第八十条第一款第一项
15	特种设备安装、改造、修理的施工单位在施工前未书面告知负责特种设备安全监督管理的部门，即进行施工	第二十三条	1. 限期书面告知负责特种设备安全监督管理的部门（逾期未改正的，移交执法部门立案查处）； 2. 限期将改正或消除安全隐患情况书面报告《特种设备安全监察指令书》发出单位	第七十八条
16	特种设备安装、改造、修理的施工单位在验收后30日内未将相关技术资料和文件移交特种设备使用单位	第二十四条	1. 限期将相关技术资料和文件移交特种设备使用单位（逾期未改正的，移交执法部门立案查处）； 2. 限期将改正或消除安全隐患情况书面报告《特种设备安全监察指令书》发出单位	第七十八条

表 5-2（续）

序号	存在的问题	违反条款	责令改正或者消除隐患的措施	责令改正或者消除隐患的依据
17	特种设备的制造（锅炉、压力容器、压力管道元件）、安装、改造、重大修理过程，未经监督检验	第二十五条	1. 限期向特种设备检验检测机构申报并接受监督检验，未经监督检验且合格的，不得出厂或者交付使用（逾期未改正的，移交执法部门立案查处）； 2. 限期将改正或消除安全隐患情况书面报告《特种设备安全监察指令书》发出单位	第七十九条
18	特种设备生产单位明知特种设备存在同一性缺陷，未立即停止生产并召回	第二十六条第一款	1. 限期召回存在同一性缺陷的特种设备（逾期未改正的，移交执法部门立案查处）； 2. 限期将改正或消除安全隐患情况书面报告《特种设备安全监察指令书》发出单位	第八十一条第一款第二项
19	特种设备销售单位未建立特种设备检查验收和销售记录制度	第二十七条第二款	1. 立即建立特种设备检查验收和销售记录制度（同时移交执法部门立案查处）； 2. 限期将改正或消除安全隐患情况书面报告《特种设备安全监察指令书》发出单位	第八十二条第二款
20	特种设备销售单位销售未取得许可生产的，未经检验或者检验不合格的特种设备	第二十七条第三款	1. 立即停止销售未取得许可生产的，未经检验或者检验不合格的特种设备（同时移交执法部门立案查处）； 2. 限期将改正或消除安全隐患情况书面报告《特种设备安全监察指令书》发出单位	第八十二条第一款第一项
21	特种设备销售单位销售国家明令淘汰、已经报废的特种设备	第二十七条第三款	1. 立即停止销售国家明令淘汰、已经报废的特种设备（同时移交执法部门立案查处）； 2. 限期将改正或消除安全隐患情况书面报告《特种设备安全监察指令书》发出单位	第八十二条第一款第二项
22	特种设备出租单位出租未取得许可生产的，未经检验或者检验不合格的特种设备	第二十八条	1. 立即停止出租未取得许可生产的，未经检验或者检验不合格的特种设备（同时移交执法部门立案查处）； 2. 限期将改正或消除安全隐患情况书面报告《特种设备安全监察指令书》发出单位	第八十二条第一款第一项

表 5-2（续）

序号	存在的问题	违反条款	责令改正或者消除隐患的措施	责令改正或者消除隐患的依据
23	特种设备出租单位出租国家明令淘汰、已经报废的特种设备，或者未按照安全技术规范的要求进行维护保养的特种设备	第二十八条	1. 立即停止出租国家明令淘汰、已经报废的特种设备，或者未按照安全技术规范的要求进行维护保养的特种设备（同时移交执法部门立案查处）； 2. 限期将改正或消除安全隐患情况书面报告《特种设备安全监察指令书》发出单位	第八十二条第一款第二项
24	进口特种设备未履行提前告知义务	第三十一条	1. 立即向进口地负责特种设备安全监督管理的部门履行提前告知义务（同时移交执法部门立案查处）； 2. 限期将改正或消除安全隐患情况书面报告《特种设备安全监察指令书》发出单位	第八十二条第二款
25	特种设备使用单位使用未取得许可生产的，检验不合格的特种设备	第三十二条第一款	1. 立即停止使用未取得许可生产的，检验不合格的特种设备（同时移交执法部门立案查处）； 2. 限期将改正或消除安全隐患情况书面报告《特种设备安全监察指令书》发出单位	第八十四条第一款第一项
26	特种设备使用单位使用国家明令淘汰、已经报废的特种设备	第三十二条第二款	1. 立即停止使用国家明令淘汰、已经报废的特种设备（同时移交执法部门立案查处）； 2. 限期将改正或消除安全隐患情况书面报告《特种设备安全监察指令书》发出单位	第八十四条第一款第一项
27	特种设备使用单位未在特种设备投入使用前或者投入使用后30日内，向负责特种设备安全监督管理的部门办理使用登记	第三十三条	1. 限期向负责特种设备安全监督管理的部门办理使用登记（逾期未改正的，责令停止使用有关特种设备，并移交执法部门立案查处）； 2. 限期将改正或消除安全隐患情况书面报告《特种设备安全监察指令书》发出单位	第八十三条第一款第一项
28	特种设备使用单位未建立特种设备安全技术档案或者安全技术档案不符合规定要求	第三十五条	1. 限期按照规定要求建立特种设备安全技术档案（逾期未改正的，责令停止使用有关特种设备，并移交执法部门立案查处）； 2. 限期将改正或消除安全隐患情况书面报告《特种设备安全监察指令书》发出单位	第八十三条第一款第二项

表 5–2（续）

序号	存在的问题	违反条款	责令改正或者消除隐患的措施	责令改正或者消除隐患的依据
29	电梯、客运索道、大型游乐设施的运营使用单位未设置特种设备安全管理机构或者配备专职的特种设备安全管理人员	第三十六条	1. 限期设置特种设备安全管理机构或者配备专职的特种设备安全管理人员（逾期未改正的，责令停止使用有关特种设备或者停产停业整顿，并移交执法部门立案查处）； 2. 限期将改正或消除安全隐患情况书面报告《特种设备安全监察指令书》发出单位	第八十七条第一款第一项
30	特种设备使用单位未对其使用的特种设备进行经常性维护保养和定期自行检查，并做出记录	第三十九条第一款	1. 限期对其使用的特种设备进行经常性维护保养和定期自行检查，并做出记录（逾期未改正的，责令停止使用有关特种设备，并移交执法部门立案查处）； 2. 限期将改正或消除安全隐患情况书面报告《特种设备安全监察指令书》发出单位	第八十三条第一款第三项
31	特种设备使用单位未对其使用的特种设备的安全附件、安全保护装置进行定期校验、检修，并做出记录	第三十九条第二款	1. 限期对其使用的特种设备的安全附件、安全保护装置进行定期校验、检修，并做出记录（逾期未改正的，责令停止使用有关特种设备，并移交执法部门立案查处）； 2. 限期将改正或消除安全隐患情况书面报告《特种设备安全监察指令书》发出单位	第八十三条第一款第三项
32	特种设备使用单位未按照安全技术规范的要求及时申报并接受检验	第四十条第一款	1. 限期向特种设备检验检测单位申报并接受检验（逾期未改正的，责令停止使用有关特种设备，并移交执法部门立案查处）； 2. 限期将改正或消除安全隐患情况书面报告《特种设备安全监察指令书》发出单位	第八十三条第一款第四项
33	使用未经定期检验的特种设备	第四十条第三款	1. 立即停止使用未经定期检验的特种设备，向特种设备检验检测单位申报并接受检验，检验合格后方可继续使用（同时移交执法部门立案查处）； 2. 限期将改正或消除安全隐患情况书面报告《特种设备安全监察指令书》发出单位	第八十四条第一款第一项
34	使用检验不合格的特种设备	第四十条第三款	1. 立即停止使用未经定期检验的特种设备，向特种设备检验检测单位申报并接受检验，检验合格后方可继续使用（同时移交执法部门立案查处）； 2. 限期将改正或消除安全隐患情况书面报告《特种设备安全监察指令书》发出单位	第八十四条第一款第一项

表 5–2（续）

序号	存在的问题	违反条款	责令改正或者消除隐患的措施	责令改正或者消除隐患的依据
35	特种设备使用单位在特种设备出现故障或者发生异常情况时，未对其进行全面检查、消除事故隐患，仍继续使用	第四十二条	1. 立即停止使用有关特种设备，进行全面检查，消除事故隐患后方可继续使用（同时移交执法部门立案查处）； 2. 限期将改正或消除安全隐患情况书面报告《特种设备安全监察指令书》发出单位	第八十四条第一款第二项
36	客运索道、大型游乐设施每日投入使用前，未进行试运行和例行安全检查，未对安全附件和安全保护装置进行检查确认	第四十三条第一款	1. 限期在每日投入使用前，进行试运行和例行安全检查，对安全附件和安全保护装置进行检查确认（逾期未改正的，责令停止使用有关特种设备或者停产停业整顿，并移交执法部门立案查处）； 2. 限期将改正或消除安全隐患情况书面报告《特种设备安全监察指令书》发出单位	第八十七条第一款第二项
37	电梯、客运索道、大型游乐设施的运营使用单位未将电梯、客运索道、大型游乐设施的安全使用说明、安全注意事项和警示标志置于易于被乘客注意的显著位置	第四十三条第二款	1. 限期将电梯、客运索道、大型游乐设施的安全使用说明、安全注意事项和警示标志置于易于被乘客注意的显著位置（逾期未改正的，责令停止使用有关特种设备或者停产停业整顿，并移交执法部门立案查处）； 2. 限期将改正或消除安全隐患情况书面报告《特种设备安全监察指令书》发出单位	第八十七条第一款第三项
38	锅炉使用单位未按照安全技术规范的要求进行锅炉水（介）质处理	第四十四条第一款	1. 限期按照安全技术规范的要求进行锅炉水（介）质处理（逾期未改正的，责令停止使用有关特种设备，并移交执法部门立案查处）； 2. 限期将改正或消除安全隐患情况书面报告《特种设备安全监察指令书》发出单位	第八十三条第一款第五项
39	电梯的维护保养单位未按照《中华人民共和国特种设备安全法》规定以及安全技术规范的要求进行电梯维护保养	第四十五条第二款	立即停止未按照《中华人民共和国特种设备安全法》规定以及安全技术规范的要求进行电梯维护保养的行为，并移交执法部门立案查处	第八十八条第二款

表 5-2（续）

序号	存在的问题	违反条款	责令改正或者消除隐患的措施	责令改正或者消除隐患的依据
40	电梯制造单位对电梯的安全运行情况进行跟踪调查和了解时，发现存在严重事故隐患，未及时告知电梯使用单位并向负责特种设备安全监督管理的部门报告	第四十六条	1. 限期告知电梯使用单位并向负责特种设备安全监督管理的部门报告（逾期未改正的，移交执法部门立案查处）； 2. 限期将改正或消除安全隐患情况书面报告《特种设备安全监察指令书》发出单位	第八十条第一款第二项
41	特种设备使用单位在特种设备存在严重事故隐患，无改造、修理价值，或者达到安全技术规范规定的其他报废条件的情况下，未依法履行报废义务，并办理使用登记证书注销手续	第四十八条第一款	立即采取必要措施消除该特种设备的使用功能，并向原登记的负责特种设备安全监督管理的部门办理使用登记证书注销手续（同时移交执法部门立案查处）	第八十四条第一款第三项
42	移动式压力容器、气瓶充装单位未经许可，擅自从事移动式压力容器或者气瓶充装活动	第四十九条第一款	予以取缔，没收违法充装的移动式压力容器或气瓶（同时移交执法部门立案查处）	第八十五条第二款
43	移动式压力容器、气瓶充装单位未按照规定实施充装前后的检查、记录制度	第四十九条第二款	1. 立即按照规定实施充装前后的检查、记录制度（同时移交执法部门立案查处）； 2. 限期将改正或消除安全隐患情况书面报告《特种设备安全监察指令书》发出单位	第八十五条第一款第一项
44	移动式压力容器、气瓶充装单位对不符合安全技术规范要求的移动式压力容器和气瓶进行充装	第四十九条第二款	1. 立即停止充装不符合安全技术规范要求的移动式压力容器和气瓶（同时移交执法部门立案查处）； 2. 限期将改正或消除安全隐患情况书面报告《特种设备安全监察指令书》发出单位	第八十五条第一款第二项

表 5-2（续）

序号	存在的问题	违反条款	责令改正或者消除隐患的措施	责令改正或者消除隐患的依据
45	特种设备使用单位未制定特种设备事故应急专项预案	第六十九条第三款	1. 限期制定特种设备事故应急专项预案（逾期未改正的，责令停止使用有关特种设备，并移交执法部门立案查处）； 2. 限期将改正或消除安全隐患情况书面报告《特种设备安全监察指令书》发出单位	第八十三条第一款第六项
46	特种设备检验检测机构未经核准从事检验、检测	第五十条第一款	立即停止检验、检测活动，经核准后方可继续从事检验、检测活动（同时移交执法部门立案查处）	第九十三条第一款第一项
47	特种设备检验检测机构超出核准范围从事检验、检测	第五十条第一款	立即停止检验、检测活动，经核准后方可继续从事检验、检测活动（同时移交执法部门立案查处）	第九十三条第一款第一项
48	特种设备检验检测机构使用未取得相应资格的人员从事检验、检测	第五十一条第一款	无证人员立即停止检验、检测活动，取得相应资格后方可继续从事检验、检测活动（同时移交执法部门立案查处）	第九十三条第一款第一项
49	特种设备检验检测机构未按照安全技术规范的要求进行检验、检测	第五十二条第一款	1. 按照安全技术规范的要求进行检验、检测（同时移交执法部门立案查处）； 2. 限期将改正或消除安全隐患情况书面报告《特种设备安全监察指令书》发出单位	第九十三条第一款第二项
50	特种设备检验检测机构出具虚假的检验、检测结果和鉴定结论或者检验、检测结果和鉴定结论严重失实	第五十三条第一款	1. 客观、公正、及时地出具检验、检测报告（同时移交执法部门立案查处）； 2. 限期将改正或消除安全隐患情况书面报告《特种设备安全监察指令书》发出单位	第九十三条第一款第三项
51	特种设备检验检测机构发现特种设备存在严重事故隐患，未及时告知相关单位，未立即向负责特种设备安全监督管理的部门报告	第五十三条第二款	1. 立即告知相关单位，并立即向负责特种设备安全监督管理的部门报告（同时移交执法部门立案查处）； 2. 限期将改正或消除安全隐患情况书面报告《特种设备安全监察指令书》发出单位	第九十三条第一款第四项

表 5-2（续）

序号	存在的问题	违反条款	责令改正或者消除隐患的措施	责令改正或者消除隐患的依据
52	特种设备检验检测机构泄露检验、检测过程中知悉的商业秘密	第五十五条第一款	1. 对检验、检测过程中知悉的商业秘密，有保密义务（同时移交执法部门立案查处）； 2. 限期将改正或消除安全隐患情况书面报告《特种设备安全监察指令书》发出单位	第九十三条第一款第五项
53	特种设备检验检测机构从事有关特种设备的生产、经营活动	第五十五条第二款	立即停止从事有关特种设备的生产、经营活动（同时移交执法部门立案查处）	第九十三条第一款第六项
54	特种设备检验检测机构推荐或者监制、监销特种设备	第五十五条第二款	立即停止推荐或者监制、监销特种设备（同时移交执法部门立案查处）	第九十三条第一款第七项
55	特种设备检验检测机构利用检验工作故意刁难相关单位	第五十六条	不得利用检验工作故意刁难相关单位（同时移交执法部门立案查处）	第九十三条第一款第八项

5.2 特种设备安全监督检查年度计划制定作业指导书

特种设备安全监督检查年度计划制定作业指导书见表 5-3。

表5-3 特种设备安全监督检查年度计划制定作业指导书

序号	项目	内容
1	目的	有计划和有步骤地履行《特种设备现场安全监督检查规则》规定的现场安全监督检查职责
2	适用范围	适用于有现场安全监督检查职责的监察机构对其行政区域范围内特种设备设计、制造、安装、使用、检验、修理、改造单位的现场监督检查工作
3	职责	按《特种设备现场安全监督检查规则》规定制定现场安全监督检查年度计划，并组织实施
4	制定依据	1.《中华人民共和国特种设备安全法》； 2.《特种设备安全监察条例》； 3.《特种设备现场安全监督检查规则》等

表 5–3（续）

序号	项目	内容
5	检查范围和重点	检查范围：辖区内特种设备生产（含设计、制造、安装、改造、修理，下同）、经营（含销售、出租、进口，下同）和使用单位（含气瓶、移动式压力容器充装单位，下同）。 特种设备现场安全监督检查分为日常监督检查和专项监督检查。 1. 日常监督检查的检查重点 （1）特种设备生产单位的日常监督检查，应当重点安排对以下单位进行检查： a）取得许可资质未满 1 年的； b）近 2 年发生过特种设备事故的； c）近 2 年发生过因产品缺陷实施强制召回的； d）举报投诉较多且经确认属实的，以及特种设备检验检测机构和鉴定评审机构等反映质量和安全管理较差的。 （2）特种设备使用单位中的重点监督检查对象，由市级市场监督管理部门参照以下因素确定： a）学校、幼儿园以及医院、车站、客运码头、商场、体育场馆、展览馆、公园等公众聚集场所的特种设备使用单位； b）近 2 年发生过特种设备事故的特种设备使用单位； c）市、县级市场监督管理部门认为有必要实施重点监督检查的特种设备使用单位。 2. 专项监督检查的检查重点 （1）重点时段监督检查。根据国家或地区重大活动及节假日的安全保障需要，针对特定单位、设备和项目实施的监督检查。 （2）专项整治监督检查。根据安全生产形势，由上级人民政府及其所属有关部门统一部署，或由各级市场监督管理部门自行组织的，针对特定设备或项目实施的监督检查。 （3）其他专项监督检查。针对特种设备检验检测机构报告的重大问题或举报投诉反映的问题等实施的监督检查
6	检查比例和频次	特种设备现场安全监督检查实行抽查方式。 1. 日常监督检查比例由地级以上市场监督管理部门根据实际情况确定。 2. 属于重点监督检查范围的特种设备使用单位，每年日常监督检查次数不得少于 1 次。 3. 对在用特种设备安全状况的监督检查实行抽查方式，对一个使用单位，至少抽查 1 台（套）在用特种设备。 4. 对重点时段监督检查和专项整治监督检查，检查设备的种类和数量、检查项目和内容应当按照相应部署的具体要求执行。如无专门明确的要求，参照日常监督检查的检查项目和内容执行。 5. 针对特种设备检验检测机构报告的重大问题或举报投诉反映的问题开展的专项监督检查的检查项目和内容，由实施检查的市场监督管理部门根据报告或举报投诉反映的情况确定
7	检查要求、期限与实施	1. 对特种设备生产单位的日常监督检查，由省、自治区、直辖市市场监督管理部门根据风险情况提出当年检查重点，由市级（包括副省级市、地级市、自治州、盟、直辖市的辖区或县）市场监督管理部门结合当地实际情况于年底制定检查计划，报同级人民政府，于次年 1 月 1 日开始组织实施。

表 5-3（续）

序号	项目	内容
7	检查要求、期限与实施	2. 对特种设备使用单位的日常监督检查，由市级市场监督管理部门根据风险情况确定当年检查重点和检查单位数量，制定检查计划并报同级人民政府，由市、县级（含县级市、上述市级下辖的区和县）市场监督管理部门按计划分级组织实施。 3. 对特种设备生产和使用单位的日常监督检查计划以及当年重点监督检查的特种设备使用单位目录，应报省级市场监督管理部门备案。 4. 专项监督检查计划，由各级市场监督管理部门根据各级人民政府及其所属有关部门的统一部署，针对具体情况，在规定的时间内，对被检查单位的特定设备或项目制定。各级市场监督管理部门按照职责权限实施专项监督检查计划： （1）重点时段监督检查和专项整治监督检查，由各级市场监督管理部门按照统一部署实施。 （2）对特种设备检验检测机构报告的重大问题，需要实施现场监督检查的，由县级市场监督管理部门实施。未设立县的地方，由市级市场监督管理部门实施
8	工作流程	科室负责该项工作的人员草拟计划→科室负责人审核签字→主管局长审核签字→局长签发→盖章上报→组织实施
9	制定质量要求	1. 正确率 100%； 2. 及时率 100%； 3. 下一环节监督上一环节作业质量

5.3 特种设备生产单位安全监督检查作业指导书

特种设备生产单位安全监督检查作业指导书见表 5-4。

表5-4 特种设备生产单位安全监督检查作业指导书

序号	项目	内容
1	目的	使特种设备安全监察人员依据法律、法规规定对特种设备生产单位开展现场安全监督检查，督促其按技术规范进行生产，落实安全主体责任，及时发现和消除安全隐患，持续满足生产许可条件
2	适用范围	适用于监察机构对其行政区域范围内特种设备生产单位的现场监督检查工作
3	职责	1. 按现场安全监督检查年度或专项检查计划开展检查工作； 2. 按《中华人民共和国特种设备安全法》《特种设备现场安全监督检查规则》等规定实施检查； 3. 负责对检查过程中发现的问题进行跟踪处理，形成闭环； 4. 将违法违规行为和重大安全隐患线索依法移交执法部门立案查处； 5. 将有关检查资料进行整理、统计和汇总（含将检查情况录入特种设备安全监察系统）； 6. 将检查情况形成检查报告

表 5–4（续）

序号	项目	内容
4	制定依据	1.《中华人民共和国特种设备安全法》； 2.《特种设备安全监察条例》； 3.《特种设备现场安全监督检查规则》； 4.《市场监管总局关于特种设备行政许可有关事项的公告》等
5	检查对象	辖区内特种设备生产单位
6	工作步骤	1. 按现场安全监督检查年度计划确定检查对象。 2. 检查前准备 （1）登录特种设备安全监察系统了解被检查单位的基本情况，包括被检查单位的类别、生产范围、规模等，查看往年现场检查情况；到达检查现场，向特种设备生产单位、检验检测机构主要负责人和其他有关人员调查、了解有关情况。 （2）检查人员要求：至少要有两名以上（含两名）持证执法人员，并佩戴证件。 （3）带齐相关文书。 3. 现场检查 （1）检查程序：出示证件、说明来意、现场检查、做出记录、交换检查意见、下达《特种设备安全监察指令书》、采取查封或者扣押措施等。 （2）检查内容：重点对生产许可证，安全管理人员、检测人员、专业技术人员、作业人员资格及其数量，设计文件，规章制度及质量保证体系，生产档案资料，型式试验情况，监督检验情况，评审问题整改情况，生产许可证执行情况，生产许可证、营业执照信息等内容进行检查。 （3）填写检查记录。将检查情况在《特种设备现场安全监督检查记录》（见附录 45）上做相应记录；对存在安全隐患的生产单位，还应下达《特种设备安全监察指令书》，检查人员和被检查单位签字确认后，双方各执一份。 检查人员认为有必要时，应对存在的严重安全隐患或违规现场进行拍照（拍照时应将执法人员、行政相对人、违法事实拍入）。 （4）查封存在严重安全隐患的设备。有证据表明特种设备不符合安全技术规范要求，或者存在严重安全隐患的，按程序请示领导，征得同意后制作《现场笔录》（见附录 46）、《行政处罚案件有关事项审批表》（见附录 47）、《实施行政强制措施决定书》（见附录 48）、《场所 / 设施 / 财物清单》（见附录 49）、《实施行政强制措施场所 / 设施 / 财物委托保管书》（见附录 50）和《封条》（见附录 51），实施查封或者扣押。 （5）问题跟踪及处理步骤 a）检查发现的问题原则上按“谁发现谁跟踪”进行跟踪处理； b）跟踪整改过程时，要求提供整改的书面证明材料，特种设备安全监察人员认为有必要时，还应到现场进行核实； c）需解封整改的，必须按程序请示领导，征得同意后制作《行政处罚案件有关事项审批表》《解除行政强制措施决定书》（见附录 52），实施解封； d）处理步骤见表 5–5。

表 5–4（续）

<table>
<tr><th>序号</th><th>项目</th><th>内容</th></tr>
<tr><td>6</td><td>工作步骤</td><td>4. 立案查处
对下列情形，制作《案件来源登记表》(见附录 53)、《立案 / 不予立案审批表》(见附录 54)，报部门负责人，经部门负责人、局领导审批同意后，由执法部门立案查处，必要时按程序报批后实施查封。
（1）发现超许可范围设计、制造、安装、改造、修理；
（2）销售未经特种设备检验检测机构制造监督检验的特种设备；
（3）未经特种设备检验检测机构检验，即交付业主投入使用；
（4）存在其他严重安全隐患；
（5）责令限期整改而逾期未整改。
5. 资料归档
现场检查完毕后 3 个工作日内应将下列资料整理归档：
（1）被检查单位整改报告及整改见证材料；
（2）《特种设备现场安全监督检查记录》《特种设备安全监察指令书》《案件来源登记表》《行政处罚案件有关事项审批表》等相关执法文书。
另将现场安全记录情况录入特种设备安全监察系统。
6. 审核
部门负责人负责监督对特种设备生产单位的检查工作，对检查报告进行审核并报分管局领导签发</td></tr>
<tr><td>7</td><td>工作质量要求</td><td>1. 时限
（1）对存在的问题下达《特种设备安全监察指令书》，责令企业限期整改的，应在收到企业整改报告后 5 个工作日内对报告内容进行核实；对未收到企业整改报告的，应在整改期限到期后 3 个工作日内对整改情况进行核实。
（2）当月的任务应当月完成，由于特殊情况不能按时完成的，应报告部门负责人。报告内容应包括：工作完成进度、未能完成的原因、计划完成时间和下一步措施。
（3）检查完毕后，应当月将检查记录全部录入特种设备安全监察系统，并跟踪整改。
2. 公开
应将应知事项清楚、全面地一次性告知行政相对人。
3. 要求
（1）正确率 100%；
（2）及时率 100%；
（3）下一环节监督上一环节的工作质量</td></tr>
<tr><td colspan="3">注：特种设备生产单位安全监督检查的内容和方法详见《基层特种设备安全监察简明手册》［中国质量标准出版传媒有限公司（中国标准出版社），2021 年 1 月第三次印刷］表 5–3 特种设备生产单位现场安全监督检查内容和方法。</td></tr>
</table>

表5-5 特种设备安全监督检查常见问题的通用处置程序及处置措施

处置程序				处置措施
未发现需改正的情形	下达指令书，责令限期改正的情形		责令改正，并立案查处的情形	
	改正	未改正		
第一步	第一步	第一步	第一步	填写记录表。填写《特种设备现场安全监督检查记录》
—	第二步	第二步	第二步	下达指令书。如发现违法行为或安全隐患，下达《特种设备安全监察指令书》
—	—	—	第三步	立案查处。制作《案件来源登记表》《立案 / 不予立案审批表》，报批后立案查处，并跟踪整改，直至整改合格
—	—	—	第四步	固定证据。有证据表明特种设备不符合安全技术规范要求，或者存在严重安全隐患的，按程序请示领导，征得同意后制作《现场笔录》《行政处罚案件有关事项审批表》《实施行政强制措施决定书》《场所 / 设施 / 财物清单》《实施行政强制措施场所 / 设施 / 财物委托保管书》和《封条》，实施查封
—	—	—	第五步	实施查封。对实施粘贴封条进行现场拍照时，尽可能将检查人、被检查人、涉案物品和封条拍入同一画面
—	—	—	第六步	报告上级。存在严重安全隐患时，应当及时以书面形式报告同级人民政府或者通知有关部门和上一级市场监督管理部门
—	第三步	—	—	跟踪整改。通过现场检查、材料核查等形式核实整改情况，确保在限期内已改正
—	—	第三步	—	立案查处。发现逾期未改正的，制作《案件来源登记表》《立案 / 不予立案审批表》，报批后立案查处；按法律、法规规定制作《行政处罚案件有关事项审批表》《实施行政强制措施决定书》《场所 / 设施 / 财物清单》《实施行政强制措施场所 / 设施 / 财物委托保管书》和《封条》，报批后实施查封
—	—	第四步	第七步	移送公安机关。发现被检查单位或者人员涉嫌构成犯罪的，移送公安机关调查处理
第二步	第四步	第五步	第八步	录入存档。检查及整改结束后，将检查信息录入特种设备动态监管信息化系统；将检查过程中收集的资料、制作的各类执法文书等证据，及时立卷存档

5.4 特种设备检验检测机构安全监督检查作业指导书

特种设备检验检测机构安全监督检查作业指导书见表 5–6。

表5–6 特种设备检验检测机构安全监督检查作业指导书

序号	项目	内容
1	目的	使特种设备安全监察人员依据法律、法规规定对特种设备检验检测机构开展现场安全监督检查，督促其按技术规范生产，落实安全主体责任，及时发现和消除安全隐患，持续满足核准条件
2	适用范围	适用于监察机构对其行政区域范围内特种设备检验检测机构的现场监督检查工作
3	职责	1. 按现场安全监督检查年度或专项检查计划开展检查工作； 2. 按《中华人民共和国特种设备安全法》《特种设备安全监察条例》等规定实施检查； 3. 负责对检查过程中发现的问题进行跟踪处理，形成闭环； 4. 将违法违规行为和重大安全隐患线索依法移交执法部门立案查处； 5. 将有关检查资料进行整理、统计和汇总（含将检查情况录入特种设备安全监察系统）； 6. 将检查情况形成检查报告
4	制定依据	1.《中华人民共和国特种设备安全法》； 2.《特种设备安全监察条例》； 3.《市场监管总局关于特种设备行政许可有关事项的公告》； 4. 特种设备有关检验检测规程等
5	检查对象	辖区内特种设备检验检测机构
6	工作步骤	1. 按现场安全监督检查年度计划确定检查对象。 2. 检查前准备 （1）登录特种设备安全监察系统了解被检查单位的基本情况，包括被检查单位的类别、检验检测范围、规模等，查看往年现场检查情况；到达检查现场，向特种设备检验检测机构主要负责人和其他有关人员调查、了解有关情况。 （2）检查人员要求：至少要有两名以上（含两名）持证执法人员，并佩戴证件。 （3）带齐相关文书。 3. 现场检查 （1）检查程序：出示证件、说明来意、现场检查、做出记录、交换检查意见、下达《特种设备安全监察指令书》、采取查封或者扣押措施等。 （2）检查内容：重点对检验检测核准范围，安全管理人员、检测人员、专业技术人员、作业人员资格及其数量，规章制度及质量保证体系，检验检测档案资料，评审问题整改情况，检验检测核准证执行情况，检验检测核准证、营业执照信息等内容进行检查。

表 5-6（续）

<table>
<tr><th>序号</th><th>项目</th><th>内容</th></tr>
<tr><td>6</td><td>工作步骤</td><td>（3）填写检查记录。将检查情况在《特种设备现场安全监督检查记录》上做相应记录；对存在违法行为或安全隐患的检验检测机构，还应下达《特种设备安全监察指令书》，检查人员和被检查单位签字确认后，双方各执一份。
检查人员认为有必要时，应对存在的严重安全隐患或违规现场进行拍照（拍照时应将执法人员、行政相对人、违法事实拍入）。
（4）查封存在严重安全隐患的设备。有证据表明特种设备不符合安全技术规范要求，或者存在严重安全隐患的，按程序请示领导，征得同意后制作《现场笔录》《行政处罚案件有关事项审批表》《实施行政强制措施决定书》《场所 / 设施 / 财物清单》《实施行政强制措施场所 / 设施 / 财物委托保管书》和《封条》，实施查封或者扣押。
（5）问题跟踪及处理步骤
a）检查发现的问题原则上按“谁发现谁跟踪”进行跟踪处理；
b）跟踪整改过程时，要求提供整改的书面证明材料，特种设备安全监察人员认为有必要时，还应到现场进行核实；
c）需解封整改的，必须按程序请示领导，征得同意后制作《行政处罚案件有关事项审批表》《解除行政强制措施决定书》实施解封；
d）处理步骤见表 5-5。
4. 立案查处
对下列情形，报部门负责人，经部门负责人、局领导审批同意后，由执法部门立案查处，必要时实施查封：
（1）超检验检测核准范围检验检测；
（2）出具虚假检验检测报告；
（3）责令限期整改而逾期未整改。
5. 资料归档
现场检查完毕后 3 个工作日内应将下列资料整理归档：
（1）被检查单位整改报告及整改见证材料；
（2）《特种设备现场安全监督检查记录》《特种设备安全监察指令书》《案件来源登记表》《行政处罚案件有关事项审批表》等相关执法文书。
另将现场安全记录情况录入特种设备安全监察系统。
6. 审核
部门负责人负责监督对特种设备检验检测机构的检查工作，对检查报告进行审核并报分管局领导签发</td></tr>
<tr><td>7</td><td>工作质量要求</td><td>1. 时限
（1）对存在的问题下达《特种设备安全监察指令书》，责令检验检测机构限期整改的，应在收到检验检测机构整改报告后 5 个工作日内对报告内容进行核实；对未收到检验检测机构整改报告的，应在整改期限到期后 3 个工作日内对整改情况进行核实。
（2）当月的任务应当月完成，由于特殊情况不能按时完成的，应报告部门负责人。报告内容应包括：工作完成进度、未能完成的原因、下一步措施。
（3）检查完毕后，应当月将检查记录全部录入特种设备安全监察系统，并跟踪整改。</td></tr>
</table>

表 5-6（续）

序号	项目	内容
7	工作质量要求	2. 公开 应将应知事项清楚、全面地一次性告知行政相对人。 3. 要求 （1）正确率 100%； （2）及时率 100%； （3）下一环节监督上一环节的工作质量

5.5　特种设备经营单位安全监督检查作业指导书

特种设备经营单位安全监督检查作业指导书见表 5-7。

表5-7　特种设备经营单位安全监督检查作业指导书

序号	项目	内容
1	目的	使特种设备安全监察人员依据法律、法规规定对特种设备经营单位开展现场安全监督检查，督促其按技术规范经营，落实安全主体责任，及时发现和消除安全隐患
2	适用范围	适用于监察机构对其行政区域范围内特种设备经营单位的现场监督检查工作
3	职责	1. 按现场安全监督检查年度或专项检查计划开展检查工作； 2. 按《中华人民共和国特种设备安全法》《特种设备现场安全监督检查规则》、TSG 08—2017《特种设备使用管理规则》等规定实施检查； 3. 负责对检查过程中发现的问题进行跟踪处理，形成闭环； 4. 将违法违规行为和重大安全隐患线索依法移交执法部门立案查处； 5. 将有关检查资料进行整理、统计和汇总（含将检查情况录入特种设备安全监察系统）； 6. 将检查情况形成检查报告
4	制定依据	1.《中华人民共和国特种设备安全法》； 2.《特种设备安全监察条例》； 3.《特种设备现场安全监督检查规则》； 4. TSG 08—2017《特种设备使用管理规则》； 5.《市场监管总局关于特种设备行政许可有关事项的公告》等
5	检查对象	辖区内特种设备经营单位
6	工作步骤	1. 按现场安全监督检查年度计划确定检查对象。 2. 检查前准备 （1）登录特种设备安全监察系统了解被检查单位的基本情况，包括被检查单位的类别、经营范围、规模等，查看往年现场检查情况；到达检查现场，向特种设备经营单位主要负责人和其他有关人员调查、了解有关情况。

表 5-7（续）

序号	项目	内容
6	工作步骤	（2）检查人员要求：至少要有两名以上（含两名）持证执法人员，并佩戴证件。 （3）带齐相关文书。 3. 现场检查 （1）检查程序：出示证件、说明来意、现场检查、做出记录、交换检查意见、下达《特种设备安全监察指令书》、采取查封或者扣押措施等。 （2）检查内容：重点对销售的设备、规章制度、技术档案及营业执照信息等情况进行检查。 （3）填写检查记录。将检查情况在《特种设备现场安全监督检查记录》上做相应记录；对存在违法行为或安全隐患的经营单位，还应下达《特种设备安全监察指令书》，检查人员和被检查单位签字确认后，双方各执一份。 检查人员认为有必要时，应对存在的严重安全隐患或违规现场进行拍照（拍照时应将执法人员、行政相对人、违法事实拍入）。 （4）查封存在严重安全隐患的设备。有证据表明特种设备不符合安全技术规范要求，或者存在严重安全隐患的，按程序请示领导，征得同意后制作《现场笔录》《行政处罚案件有关事项审批表》《实施行政强制措施决定书》《场所 / 设施 / 财物清单》《实施行政强制措施场所 / 设施 / 财物委托保管书》和《封条》，实施查封或者扣押。 （5）问题跟踪及处理步骤 a）检查发现的问题原则上按“谁发现谁跟踪”进行跟踪处理； b）跟踪整改过程时，要求提供整改的书面证明材料，特种设备安全监察人员认为有必要时，还应到现场进行核实； c）需解封整改的，必须按程序请示领导，征得同意后制作《行政处罚案件有关事项审批表》《解除行政强制措施决定书》，实施解封； d）处理步骤见表 5-5。 4. 立案查处 对下列情形，报部门负责人，经部门负责人、局领导审批同意后，由执法部门立案查处，必要时实施查封： （1）经营无生产许可证生产的特种设备，即土制设备； （2）销售检验不合格的特种设备； （3）出租未经特种设备检验检测机构检验或检验不合格的特种设备； （4）责令限期整改而逾期未整改。 5. 资料归档 现场检查完毕后 3 个工作日内应将下列资料整理归档： （1）被检查单位整改报告及整改见证材料； （2）《特种设备现场安全监督检查记录》《特种设备安全监察指令书》《案件来源登记表》《行政处罚案件有关事项审批表》等相关执法文书。 另将现场安全记录情况录入特种设备安全监察系统。 6. 审核 部门负责人负责监督对特种设备经营单位的检查工作，对检查报告进行审核并报分管局领导签发

表 5-7（续）

序号	项目	内容
7	工作质量要求	1. 时限 （1）对存在的问题下达《特种设备安全监察指令书》，责令企业限期整改的，应在收到企业整改报告后 5 个工作日内对报告内容进行核实；对未收到企业整改报告的，应在整改期限到期后 3 个工作日内对整改情况进行核实。 （2）当月的任务应当月完成，由于特殊情况不能按时完成的，应报告部门负责人。报告内容应包括：工作完成进度、未能完成的原因、下一步措施。 （3）检查完毕后，应当月将检查记录全部录入特种设备安全监察系统，并跟踪整改。 2. 公开 应将应知事项清楚、全面地一次性告知行政相对人。 3. 要求 （1）正确率 100%； （2）及时率 100%； （3）下一环节监督上一环节的工作质量

5.6 特种设备使用单位安全监督检查作业指导书

特种设备使用单位安全监督检查作业指导书见表 5-8。

表5-8 特种设备使用单位安全监督检查作业指导书

序号	项目	内容
1	目的	使特种设备安全监察人员依据法律、法规规定对特种设备使用单位开展现场安全监督检查，督促其按技术规范使用和管理，落实安全主体责任，及时发现和消除安全隐患
2	适用范围	适用于监察机构对其行政区域范围内特种设备使用单位的现场监督检查工作
3	职责	1. 按现场安全监督检查年度或专项检查计划开展检查工作； 2. 按《中华人民共和国特种设备安全法》《特种设备现场安全监督检查规则》、TSG 08—2017《特种设备使用管理规则》等规定实施检查； 3. 负责对检查过程中发现的问题进行跟踪处理，形成闭环； 4. 将违法违规行为和重大安全隐患线索依法移交执法部门立案查处； 5. 将有关检查资料进行整理、统计和汇总（含将检查情况录入特种设备安全监察系统）； 6. 将检查情况形成检查报告
4	制定依据	1.《中华人民共和国特种设备安全法》； 2.《特种设备安全监察条例》； 3.《特种设备现场安全监督检查规则》； 4. TSG 08—2017《特种设备使用管理规则》等

表 5-8（续）

序号	项目	内容
5	检查对象	辖区内特种设备使用单位
6	工作步骤	1. 按现场安全监督检查年度计划确定检查对象。 2. 检查前准备 （1）登录特种设备安全监察系统了解被检查单位的基本情况，包括被检查单位的类别、生产的产品、规模等，查看往年现场检查情况；到达检查现场，向特种设备使用单位主要负责人和其他有关人员调查、了解有关情况。 （2）检查人员要求：至少要有两名以上（含两名）持证执法人员，并佩戴证件。 （3）带齐相关文书。 3. 现场检查 （1）检查程序：出示证件、说明来意、现场检查、做出记录、交换检查意见、下达《特种设备安全监察指令书》、采取查封或者扣押措施等。 （2）检查内容：重点对设备登记，安全管理人员、作业人员资格及其数量，检验有效期，规章制度，应急救援预案及技术档案资料等情况进行检查。 （3）填写检查记录。将检查情况在《特种设备现场安全监督检查记录》上做相应记录；对存在违法行为或安全隐患的使用单位，还应下达《特种设备安全监察指令书》，检查人员和被检查单位签字确认后，双方各执一份。 检查人员认为有必要时，应对存在的严重安全隐患或违规现场进行拍照（拍照时应将执法人员、行政相对人、违法事实拍入）。 （4）查封存在严重安全隐患的设备。有证据表明特种设备不符合安全技术规范要求，或者存在严重安全隐患的，按程序请示领导，征得同意后制作《现场笔录》《行政处罚案件有关事项审批表》《实施行政强制措施决定书》《场所 / 设施 / 财物清单》《实施行政强制措施场所 / 设施 / 财物委托保管书》和《封条》，实施查封或者扣押。 （5）问题跟踪及处理步骤 a）检查发现的问题原则上按“谁发现谁跟踪”进行跟踪处理； b）跟踪整改过程时，要求提供整改的书面证明材料，特种设备安全监察人员认为有必要时，还应到现场进行核实； c）需解封整改的，必须按程序请示领导，征得同意后制作《行政处罚案件有关事项审批表》《解除行政强制措施决定书》，实施解封； d）处理步骤见表 5-5。 4. 立案查处 在实施现场安全监督检查过程中，发现特种设备或其主要部件存在以下情形之一时，应当予以查封或者扣押，并立案查处： （1）使用非法生产特种设备； （2）超过特种设备的规定参数范围使用； （3）使用应当予以报废的特种设备； （4）使用超期未检、检验不合格且在限期内未整改或复检不合格的特种设备； （5）有证据表明生产、经营、使用的特种设备或者其主要部件不符合安全技术规范的要求； （6）使用被责令整改而未予整改的特种设备； （7）特种设备发生事故不予报告而继续使用。

表 5-8（续）

<table>
<tr><th>序号</th><th>项目</th><th>内容</th></tr>
<tr><td>6</td><td>工作步骤</td><td>当场能够整改的，可以不予查封、扣押。在用特种设备因连续性生产工艺及其他客观原因不能实施现场查封、扣押的，可由被检查单位在检查记录上说明情况，注明其间采取的安全保障措施，暂不实施查封、扣押，但需按照《特种设备现场安全监督检查规则》第二十八条规定，待相应设备能够停用后予以查封、扣押。其间发生事故的，由被检查单位承担责任。
5. 资料归档
现场检查完毕后 3 个工作日内应将下列资料整理归档：
（1）被检查单位整改报告及整改见证材料；
（2）《特种设备现场安全监督检查记录》《特种设备安全监察指令书》《案件来源登记表》《行政处罚案件有关事项审批表》等相关执法文书。
另将现场安全记录情况录入特种设备安全监察系统。
6. 审核
部门负责人负责监督对特种设备使用单位的检查工作，对检查报告进行审核并报分管局领导签发</td></tr>
<tr><td rowspan="2">7</td><td rowspan="2">工作质量要求</td><td>1. 时限
（1）对存在的问题下达《特种设备安全监察指令书》，责令企业限期整改的，应在收到企业整改报告后 5 个工作日内对报告内容进行核实；对未收到企业整改报告的，应在整改期限到期后 3 个工作日内对整改情况进行核实。
（2）当月的任务应当月完成，由于特殊情况不能按时完成的，应报告部门负责人。报告内容应包括：工作完成进度、未能完成的原因、下一步措施。
（3）检查完毕后，应当月将检查记录全部录入特种设备安全监察系统，并跟踪整改。</td></tr>
<tr><td>2. 公开
应将应知事项清楚、全面地一次性告知行政相对人。
3. 要求
（1）正确率 100%；
（2）及时率 100%；
（3）下一环节监督上一环节的工作质量</td></tr>
<tr><td colspan="3">注：特种设备使用单位现场安全监督检查的内容和方法详见《基层特种设备安全监察简明手册》［中国质量标准出版传媒有限公司（中国标准出版社），2021 年 1 月第三次印刷］表 5-4 ～表 5-13。</td></tr>
</table>

5.7 气瓶、移动式压力容器充装站安全监督检查作业指导书

气瓶、移动式压力容器充装站安全监督检查作业指导书见表5–9。

表5–9 气瓶、移动式压力容器充装站安全监督检查作业指导书

序号	项目	内容
1	目的	使特种设备安全监察人员依据法律、法规规定对气瓶、移动式压力容器充装站开展现场安全监督检查，督促其按技术规范使用和管理，落实安全主体责任，及时发现和消除安全隐患，持续满足充装许可条件
2	适用范围	适用于监察机构对其行政区域范围内气瓶、移动式压力容器充装站的现场监督检查工作
3	职责	1. 按现场安全监督检查年度或专项检查计划开展检查工作； 2. 按《中华人民共和国特种设备安全法》《特种设备现场安全监督检查规则》、TSG 08—2017《特种设备使用管理规则》、TSG 23—2021《气瓶安全技术规程》等规定实施检查； 3. 负责对检查过程中发现的问题进行跟踪处理，形成闭环； 4. 将违法违规行为和重大安全隐患线索依法移交执法部门立案查处； 5. 将有关检查资料进行整理、统计和汇总（含将检查情况录入特种设备安全监察系统）； 6. 将检查情况形成检查报告
4	制定依据	1.《中华人民共和国特种设备安全法》； 2.《特种设备安全监察条例》； 3.《特种设备现场安全监督检查规则》； 4. TSG 08—2017《特种设备使用管理规则》； 5. TSG 23—2021《气瓶安全技术规程》等
5	检查对象	辖区内气瓶、移动式压力容器充装站
6	工作步骤	1. 按现场安全监督检查年度计划确定检查对象。 2. 检查前准备 （1）登录特种设备安全监察系统了解被检查气瓶、移动式压力容器充装站充装气体的品种、规模等基本情况，查看往年现场检查情况；到达检查现场，向气瓶、移动式压力容器充装站主要负责人和其他有关人员调查、了解有关情况。 （2）检查人员要求：至少要有两名以上（含两名）持证执法人员，并佩戴证件。 （3）带齐相关文书。 3. 现场检查 （1）检查程序：出示证件、说明来意、现场检查、做出记录、交换检查意见、下达《特种设备安全监察指令书》、采取查封或者扣押措施等。 （2）检查内容：重点对许可证充装范围，充装许可证信息，设备和气瓶使用登记证，安全管理人员、作业人员资格及其数量，充气站压力容器、压力管道等定期检验有效期，充装记录，气瓶标志和漆，规章制度，应急救援预案及技术档案资料等情况进行检查。

表 5-9（续）

序号	项目	内容
6	工作步骤	（3）填写检查记录。将检查情况在《特种设备现场安全监督检查记录》上做相应记录；对存在违法行为或安全隐患的气瓶、移动式压力容器充装站，还应下达《特种设备安全监察指令书》，检查人员和被检查单位签字确认后，双方各执一份。 检查人员认为有必要时，应对存在的严重安全隐患或违规现场进行拍照（拍照时应将执法人员、行政相对人、违法事实拍入）。 （4）查封存在严重安全隐患的设备。有证据表明特种设备不符合安全技术规范要求，或者存在严重安全隐患的，按程序请示领导，征得同意后制作《现场笔录》《行政处罚案件有关事项审批表》《实施行政强制措施决定书》《场所 / 设施 / 财物清单》《实施行政强制措施场所 / 设施 / 财物委托保管书》和《封条》，实施查封或者扣押。 （5）问题跟踪及处理步骤 a）检查发现的问题原则上按“谁发现谁跟踪”进行跟踪处理； b）跟踪整改过程时，要求提供整改的书面证明材料，特种设备安全监察人员认为有必要时，还应到现场进行核实； c）需解封整改的，必须按程序请示领导，征得同意后制作《行政处罚案件有关事项审批表》《解除行政强制措施决定书》，实施解封； d）处理步骤见表 5-5。 4. 立案查处 在实施现场安全监督检查过程中，发现特种设备或其主要部件存在以下情形之一时，应当予以查封或者扣押，并立案查处： （1）无证充装； （2）充装超检验有效期或报废气瓶； （3）责令限期整改而逾期未整改。 5. 资料归档 现场检查完毕后 3 个工作日内应将下列资料整理归档： （1）被检查单位整改报告及整改见证材料； （2）《特种设备现场安全监督检查记录》《特种设备安全监察指令书》《案件来源登记表》《行政处罚案件有关事项审批表》等相关执法文书。 另将现场安全记录情况录入特种设备安全监察系统。 6. 审核 部门负责人负责监督对气瓶、移动式压力容器充装站的检查工作，对检查报告进行审核并报分管局领导签发
7	工作质量要求	1. 时限 （1）对存在的问题下达《特种设备安全监察指令书》，责令企业限期整改的，应在收到企业整改报告后 5 个工作日内对报告内容进行核实；对未收到企业整改报告的，应在整改期限到期后 3 个工作日内对整改情况进行核实。 （2）当月的任务应当月完成，由于特殊情况不能按时完成的，应报告部门负责人。报告内容应包括：工作完成进度、未能完成的原因、下一步措施。 （3）检查完毕后，应当月将检查记录全部录入特种设备安全监察系统，并跟踪整改。

表 5-9（续）

序号	项目	内容
7	工作质量要求	2. 公开 应将应知事项清楚、全面地一次性告知行政相对人。 3. 要求 （1）正确率 100%； （2）及时率 100%； （3）检查频次达标； （4）下一环节监督上一环节的工作质量
注：气瓶、移动式压力容器充装站现场安全监督检查的内容和方法详见《基层特种设备安全监察简明手册》［中国质量标准出版传媒有限公司（中国标准出版社），2021 年 1 月第三次印刷］表 5-13 气瓶（移动式压力容器）充装情况检查内容和方法。		

5.8　重大活动及节假日特种设备安全保障作业指导书

重大活动是指由地级以上（含地级）人民政府组织或认定的，具有重大影响和特定规模的政治、经济、科技、文化、宗教和体育等活动。重大节假日是指国家法定的全民假日，如元旦、春节、国庆等，以及省级以上（含省级）人民政府根据各地特点确定的假日。重大活动及节假日特种设备安全保障作业指导书见表 5-10。

表5-10　重大活动及节假日特种设备安全保障作业指导书

序号	项目	内容
1	目的	使特种设备安全监察人员，根据国家或地区重大活动及节假日的安全保障需要，在重大活动及节假日前针对特定单位、设备和项目开展监督检查
2	适用范围	适用于监察机构对其行政区域范围内重大活动及节假日的特种设备安全保障工作
3	职责	1. 按重大活动安排及节假日时间开展特种设备安全保障工作； 2. 按《中华人民共和国特种设备安全法》《特种设备现场安全监督检查规则》、TSG 08—2017《特种设备使用管理规则》等规定实施检查； 3. 负责对检查过程中发现的问题立即进行跟踪处理，形成闭环； 4. 将有关检查资料进行整理、统计和汇总（含将检查情况录入特种设备安全监察系统）； 5. 将重大活动及节假日保障工作情况形成检查报告，报地方政府
4	制定依据	1.《中华人民共和国特种设备安全法》； 2.《特种设备安全监察条例》；

表 5–10（续）

序号	项目	内容
4	制定依据	3.《特种设备现场安全监督检查规则》； 4. TSG 08—2017《特种设备使用管理规则》等
5	检查对象	1. 国家或地区重大活动涉及的特种设备使用和维修保养单位； 2. 节假日涉及的公众场所和重点监控的特种设备使用单位
6	工作步骤	1. 按辖区重大活动方案和节假日时间确定检查对象。 2. 检查前准备 （1）登录特种设备安全监察系统了解被检查单位的基本情况，包括被检查单位的类别、生产的产品、规模等，查看往年现场检查情况；到达检查现场，向被检查单位主要负责人和其他有关人员调查、了解有关情况。 （2）检查人员要求：重大节假日前的安全检查，各级市场监督管理部门的相关负责人应带队参加，现场应当有两名以上持有特种设备安全行政执法证件的人员；根据需要，可以邀请有关技术人员参与检查。 3. 现场检查 （1）检查程序：出示证件、说明来意、现场检查、做出记录、交换检查意见、下达《特种设备安全监察指令书》、采取查封或者扣押措施等。 （2）对重大活动前的安全检查，检查设备的种类和数量、检查项目和内容应按照相应部署的具体要求执行；对重大活动及节假日前的安全检查，如无专门明确的要求，则按表 5–8 检查。 （3）对国家或地区重大活动，必要时由设备原制造单位、维修保养单位、检验检测机构单独或联合派员驻场保障。 （4）填写检查记录。将检查情况在《特种设备现场安全监督检查记录》上做相应记录，检查人员和被检查单位签字确认后，双方各执一份。如有问题，下达《特种设备安全监察指令书》。 （5）向地方政府报告国家或地区重大活动保障情况。 4. 资料归档 现场检查完毕后 3 个工作日内应将下列资料整理归档： （1）被检查单位整改报告及整改见证材料； （2）《特种设备现场安全监督检查记录》《特种设备安全监察指令书》等相关执法文书。 另将现场安全记录情况录入特种设备安全监察系统
7	工作质量要求	1. 时限 （1）国家或地区重大活动涉及的特种设备，无论是否在定期检验有效期内，都应至少在活动前 10 日安排法定检验检测机构重新检验 1 次，且检验结果必须为合格。 （2）国家或地区重大活动，至少在活动前 10 日向活动所在地政府报告保障情况。 （3）节假日前的安全检查应在节假日前 2 日完成。检查发现有问题的，应在节假日前整改完毕并检验合格。由于特殊情况不能按时完成的，应报告部门负责人。如果无法保证安全运行，则应采取封停措施。 （4）检查完毕后，应当月将检查记录全部录入特种设备安全监察系统。

表 5-10（续）

序号	项目	内容
7	工作质量要求	2. 公开 应将应知事项清楚、全面地一次性告知行政相对人（有保密要求的除外）。 3. 要求 （1）正确率 100%； （2）及时率 100%； （3）下一环节监督上一环节的工作质量； （4）对国家或地区重大活动内容，必须按照组织者的要求做好保密工作

5.9　特种设备举报投诉及函件处理作业指导书

特种设备举报投诉及函件处理作业指导书见表 5-11。

表5-11　特种设备举报投诉及函件处理作业指导书

序号	项目	内容
1	目的	使特种设备安全监察人员依据法律、法规规定处理举报投诉或函件，及时核实情况，以及制止违法违规行为，消除安全隐患，为特种设备使用单位或个人提供法律、法规、技术规程、特种设备业务办事程序的咨询服务
2	适用范围	适用于监察机构对其收到的行政区域范围内特种设备举报投诉及函件进行核实处理和提供咨询服务工作
3	职责	1. 负责对辖区内的举报投诉及函件内容进行核实、跟踪处理并起草复函。 2. 部门负责人负责监督举报投诉及函件的跟踪处理情况，并对复函进行审核
4	制定依据	1.《中华人民共和国特种设备安全法》； 2.《特种设备安全监察条例》； 3.《特种设备现场安全监督检查规则》； 4. TSG 08—2017《特种设备使用管理规则》等
5	工作对象	辖区内被举报投诉或来函的单位、个人
6	工作步骤	1. 受理 （1）接到举报投诉及函件后，确定是否属于特种设备安全监察职责范围并登记。 （2）不属于特种设备安全监察职责范围的举报投诉及函件应通过原渠道退回并告知原因，或者转给相关部门处理。 （3）接到举报投诉及函件后 1 个工作日内拟定工作任务，报部门负责人审核。 2. 核实处理 （1）核实举报投诉及函件情况。需现场核实的，组织两名或两名以上行政执法人员现场核实，并填写《特种设备现场安全监督检查记录》。

表 5-11（续）

序号	项目	内容
6	工作步骤	（2）情况不属实的，行政执法人员应在《举报投诉及函件处理登记表》（见附录 55）有关栏目中进行登记后签字确认。 （3）情况属实的，就违法违规事实下达《特种设备安全监察指令书》，责令有关单位按法律、法规的要求进行整改；对违法违规严重或者存在严重安全隐患的，行政执法人员认为有必要采取强制措施的，应依据有关法律、法规规定立即采取强制措施，制止违法违规行为。 （4）行政执法人员应对举报投诉及函件的整改情况进行跟踪，填写《举报投诉及函件处理登记表》，并督促有关单位按时按有关要求整改，提交整改报告（包括整改情况的见证材料）；行政执法人员应对整改完毕的单位进行结案处理。 （5）部门负责人负责对投诉举报及函件的处理情况进行监督检查。 3. 过程记录 举报投诉及函件的内容、现场核实情况、处理过程、结案情况应在《举报投诉及函件处理登记表》上记录。 4. 拟复函 对举报投诉及函件，应在处理完毕后根据核实及处理情况，以及特种设备的有关法律、法规和技术规范起草复函。 5. 签发 部门负责人负责监督对特种设备举报投诉及函件的处理工作，对复函内容进行审核并报分管局领导签发。 6. 归档 举报投诉及函件的调查处理工作完成并结案后，由专人负责整理存档
7	时限及质量要求	1. 时限 （1）应在接到举报投诉及函件后 1 个工作日内将拟定工作任务上报部门负责人审核。 （2）一般情况下，应在接到工作任务后 4 个工作日内进行核实；对存在重大安全隐患的特种设备使用单位，应在接到工作任务后当天进行核实，并及时向部门负责人汇报核实情况。 （3）原则上应在 30 个工作日内完成调查处理工作，同时将检查情况回复举报投诉人或来函、转办单位；由于特殊情况需要延期的，应按规定办理延期手续。 （4）自接到举报投诉及函件起，一般应在 60 个工作日内，最长不超过 90 个工作日完成结案工作。 2. 公开 在举报投诉及函件核实过程中，应将应知事项清楚、全面地一次性告知行政相对人。 3. 要求 （1）正确率 100%； （2）及时率 100%； （3）下一环节监督上一环节的工作质量

5.10　约谈特种设备有关单位法定代表人作业指导书

约谈特种设备有关单位法定代表人作业指导书见表 5-12。

表5-12　约谈特种设备有关单位法定代表人作业指导书

序号	项目	内容
1	目的	使特种设备安全监察人员依据法律、法规规定，对存在严重安全隐患或者整改进度缓慢的单位，督促其法定代表人尽快按照政府部门和技术规范的要求进行整改，落实安全主体责任，及时消除安全隐患
2	适用范围	适用于特种设备安全监督管理部门督促其行政区域范围内存在严重安全隐患或者整改进度缓慢的特种设备生产、使用或检验检测单位加速整改的工作
3	职责	1. 督促存在严重违法行为或严重安全隐患、整改进度缓慢的单位加速整改，早日消除安全隐患。 2. 确保设备安全
4	制定依据	1.《中华人民共和国特种设备安全法》; 2.《特种设备安全监察条例》等
5	约谈对象	存在严重违法行为或严重安全隐患、整改进度缓慢单位的法定代表人
6	工作步骤	1. 约谈法定代表人 （1）制定方案。方案至少包括下列内容： a）约谈目的； b）约谈主体； c）约谈对象； d）约谈事由； e）约谈时间、地点。 （2）实施约谈 a）提前 3 个工作日发出《约谈通知书》（见附录 56）。 b）主持人介绍约谈小组成员，核实被约谈人身份。 c）通报有关情况，告知约谈事由、目的。 d）被约谈人陈述。 e）约谈小组就约谈问题进行询问，与被约谈人交流，提出针对性意见或建议，明确指出对可能产生的安全隐患、不良影响及社会危害应承担的责任。 f）提出进一步的措施要求，形成《约谈记录》（见附录 57），由约谈小组成员、被约谈人签字确认后备案。被约谈人拒绝签字确认的，应当在《约谈记录》上明确记载，并经约谈小组成员签字确认。 g）将约谈处理意见等整理形成约谈会议纪要。由约谈小组在约谈结束后 3 个工作日内将约谈会议纪要发送至被约谈人，同时抄送有关参会单位。 h）责令改正。根据约谈处理意见向被约谈人发出《特种设备安全监察指令书》，约谈前已发出的，不再重发。 （3）跟踪处理。被约谈单位应当及时向组织约谈的特种设备安全监督管理部门报送整改方案，并在约谈要求的改正时限结束后将整改结果以书面形式上报。约谈单位对上报材料进行现场核实。

表 5-12（续）

序号	项目	内容
6	工作步骤	（4）立案查处。被约谈人无正当理由拒不按时参加约谈或者未按要求落实整改的，依法对其违法行为立案并从重处理。被约谈人因存在违法行为已进入行政处罚或司法程序的，约谈不影响对其进行的处理，不再另行立案查处。 （5）注意事项。必要时可邀请上一级市场监督管理部门，本级政府安全生产委员会、应急管理局，检验检测机构和专家等参加约谈。 2. 情况上报。必要时将约谈情况以书面形式及时报告上一级市场监督管理部门或同级人民政府
7	时限及质量要求	1. 时限 （1）责令限期整改的时限不宜过长，通常不超过 15 天； （2）存在严重安全隐患的，应在设备停止运行的前提下整改。 2. 公开 在约谈过程中，应将应知事项清楚、全面地一次性告知行政相对人。 3. 要求 下一环节监督上一环节的工作质量

5.11 特种设备行政处罚作业指导书

特种设备行政处罚作业指导书见表 5-13。

表5-13　特种设备行政处罚作业指导书

序号	项目	内容
1	目的	规范特种设备执法人员办理特种设备案件的过程
2	适用范围	适用于特种设备执法人员办理其行政区域范围内的特种设备案件工作
3	职责	根据国家有关法律、法规，对辖区内特种设备违法行为进行查处，确保设备安全运行
4	制定依据	1.《中华人民共和国行政处罚法》； 2.《中华人民共和国特种设备安全法》； 3.《特种设备安全监察条例》； 4.《市场监督管理行政处罚程序暂行规定》； 5.《市场监督管理行政处罚听证暂行办法》； 6.《国家市场监督管理总局关于修改〈市场监督管理行政处罚程序暂行规定〉等二部规章的决定》
5	处罚对象	辖区内存在严重安全隐患或违反特种设备有关法律、法规的单位或个人

表 5-13（续）

序号	项目	内容
6	工作步骤	1. 案件受理 对通过执法人员检查，上级机关交办或者有关部门移送，有关当事人交代，群众举报、申诉、控告等途径发现的违法行为线索，办案机构应当及时受理，填写《案件来源登记表》，并自发现之日起 15 日内组织核查，并决定是否立案。 2. 立案 办案机构填写《立案 / 不予立案审批表》，由办案机构负责人批准，办案机构负责人指定两名以上办案人员负责调查处理。 3. 调查取证 常见的证据：书证；物证；视听资料；电子数据；证人证言；当事人的陈述；鉴定意见；勘验笔录、现场笔录。 4. 案件审理 （1）办案人员按“何人、何时、何地、何事、何果——是谁在什么时间、什么地点，从事了什么行为，该行为是如何实施的，并造成了什么危害后果”撰写《案件调查终结报告》（见附录 58），并草拟《行政处罚告知书》（见附录 59）、《行政处罚决定书》（见附录 60），连同案卷交由案件审理委员会办公室进行书面初审。 （2）案件审理委员会办公室应当在接到审核材料之日起 10 个工作日内完成审核。特殊情况下，经市场监督管理部门负责人批准，审核时间可以延长。 （3）案件审理委员会办公室提出初步意见，提交案件审理委员会审议。 5. 行政处罚（听证）告知 （1）案件审理委员会审议通过后，办案人员将案卷材料及《行政处理决定审批表》（见附录 61）报单位领导批准； （2）向当事人发出《行政处罚告知书》。当事人自《行政处罚告知书》送达之日起 5 个工作日内，未行使陈述、申辩权，未要求举行听证会的，视为放弃此权利。当事人要求举行听证会的，发出《行政处罚听证通知书》（见附录 62）。 6. 举行听证会 当事人在法定时限内提出陈述和申辩，并要求听证的，按下列程序举行听证会： （1）听证会前首先由书记员清点并核实当事人、办案人员及其他听证参加人是否到场及其身份的真实性。 （2）书记员宣布听证会纪律、听证参加人的权利和义务，报告听证主持人听证会可以开始。 （3）听证主持人介绍听证主持人、听证员、书记员的身份资格，并询问当事人是否申请回避。当事人申请听证主持人回避的，听证主持人应当宣布暂停听证，报请行政机关负责人决定是否回避；当事人申请听证员、书记员回避的，由听证主持人当场决定。对驳回申请回避的决定，当事人可以申请复核一次。 （4）听证主持人宣布听证事项、介绍案由并说明听证会的目的和宗旨后，由办案人员说明当事人的违法事实、证据、处罚依据、拟做出的处罚等。 （5）当事人就办案人员公布的事实、处罚依据及己方的主张进行陈述和申辩。

表 5-13（续）

<table>
<tr><th>序号</th><th>项目</th><th>内容</th></tr>
<tr><td>6</td><td>工作步骤</td><td>（6）在听证主持人的主持下，办案人员、当事人进行质证，然后展开辩论。
（7）其他听证参加人（第三人、证人等）进行陈述。
（8）办案人员、当事人进行最后陈述后，制作《听证笔录》（见附录 63）。
（9）听证主持人宣布听证会结束。
（10）听证会后听证主持人应及时制作《听证报告》（见附录 64），并报案件审理委员会审议。
7. 行政处罚决定
办案人员将案卷材料及《行政处理决定审批表》《行政处罚决定书》报单位领导批准后打印，并在 7 日内采取法定送达方式将《行政处罚决定书》送达当事人。
8. 执行
行政处罚决定依法做出后，当事人应在行政处罚决定规定的期限内予以履行。对当事人做出罚款处罚的，应当由当事人在收到《行政处罚决定书》之日起 15 日内到指定的银行缴纳罚款。当事人逾期不履行行政处罚决定的，可以采取下列措施：
（1）根据法律规定，将查封、扣押的财物拍卖或者将冻结的存款划拨抵缴罚款；
（2）申请人民法院强制执行。
9. 结案和归档
（1）案件处理完毕后，办案机构应当填写《结案审批表》（见附录 65），报单位有关负责人批准后，予以结案；
（2）对于已结案的案件，案件经办人应当按照“一案一档”的原则整理归档</td></tr>
<tr><td>7</td><td>行政处罚流程</td><td>见附录 66</td></tr>
<tr><td>8</td><td>时限和质量要求</td><td>1. 时限
适用一般程序办理的案件，应当在立案之日起 90 日内做出处理决定。不能在规定期限内做出处理决定的，经市场监督管理部门负责人批准，可以延长 30 日。经延期仍不能做出处理决定的，应当由市场监督管理部门负责人集体讨论决定是否继续延期。
2. 要求
（1）程序合法，适用法律正确，处罚适当。
（2）下一环节监督上一环节的工作质量</td></tr>
<tr><td colspan="3">注：特种设备行政处罚的程序和要求详见《基层特种设备安全监察简明手册》［中国质量标准出版传媒有限公司（中国标准出版社），2021 年 1 月第三次印刷］第 6 章。</td></tr>
</table>

第6章　特种设备事故处理及档案管理作业指导书

6.1　特种设备事故应急救援作业指导书

特种设备事故应急救援作业指导书见表 6–1。

表6–1　特种设备事故应急救援作业指导书

序号	项目	内容
1	目的	使特种设备安全监督管理部门提高处置特种设备事故的能力，有效预防次生事故发生，最大限度地降低事故造成的人员伤亡、财产损失和社会危害
2	适用范围	适用于特种设备安全监督管理部门对其行政区域范围内发生特种设备事故时的现场处理工作
3	职责	特种设备突发事件应急处置组织体系由本级特种设备突发事件应急处置指挥部（以下简称指挥部）及其下设办公室、特种设备应急专家组、特种设备应急救援队伍等组成。指挥部下设的办公室在本级人民政府下属的市场监督管理局，主要职责为执行指挥部的决定，跟踪掌握事故信息，做好上传下达；检查指导、协调有关单位做好应急准备、抢救、救援等工作；统一协调本级人民政府有关部门进行应急救援，承担指挥部交办的其他工作。 1. 总指挥长由本级人民政府分管副职担任，市场监督管理局局长担任副总指挥长；现场指挥长由市场监督管理局局长兼任，现场副指挥长由市场监督管理局分管局长担任。 2. 总指挥长职责：宣布启动本级政府特种设备突发事件应急处置，并对应急救援过程中的重大事项做出决定。 3. 现场指挥长职责：召集各参与抢险救援部门和单位的现场负责人研究现场救援方案，制定具体救援措施，明确各部门和单位的职责分工。 4. 现场副指挥长职责：负责组织实施具体抢险救援措施。 5. 特种设备安全监察部门负责人职责：协助现场副指挥长组织实施具体抢险救援措施；在总指挥长和副总指挥长到达现场之前，负责指挥现场抢险救援工作；负责联系参与抢险救援部门。 6. 特种设备安全监察部门工作人员职责：负责特种设备事故情况逐级上报，负责协助现场的特种设备安全监察部门负责人的救援指挥工作
4	制定依据	1.《中华人民共和国突发事件应对法》； 2.《中华人民共和国特种设备安全法》； 3.《特种设备安全监察条例》； 4.《特种设备事故报告和调查处理规定》； 5. TSG 03—2015《特种设备事故报告和调查处理导则》等
5	工作对象	辖区内发生特种设备事故的单位

表 6-1（续）

序号	项目	内容
6	工作步骤	1. 事故现场处理 （1）市场监督管理部门接到事故报告后，应当立即赶赴事故现场，并启动本部门应急救援预案。根据事故的类别立即按以下路径进行特种设备事故信息的传递。 （2）特种设备安全监察部门按照《特种设备事故、相关事故信息报告表》（见附录 67）的要求填写对应内容，经市场监督管理部门领导审阅后，立即向本级人民政府报告，并逐级报告上级市场监督管理部门直至国家市场监督管理总局。每隔 1 小时更新一次。市场监督管理部门每级上报的时间不得超过 2 小时。必要时，可以越级上报事故情况。 （3）事故发生地市场监督管理部门应及时将事故情况录入国家市场监管总局特种设备事故管理系统（http://shigu.cnse.gov.cn），并在 24 小时内补报文字材料。 2. 组织救援 （1）特种设备安全监察部门工作人员用警戒带（绳）设立事故现场警戒区；对事故现场的特种设备进行录像或者拍照。 （2）对发生事故的特种设备采取相应措施，协调事故发生单位的有关技术人员进行操作。 3. 事故现场保护 到达事故现场的特种设备安全监察部门工作人员在总指挥长或副总指挥长到达前应立即采取应急措施；在总指挥长或副总指挥长到达后应听从指挥，确保保护好事故现场。督促事故发生单位派专人负责现场保护工作。保护现场时，至少应做到以下几点： （1）加强现场警戒保卫，防止故意破坏现场。禁止无关人员进入现场，进入现场人员应履行有关登记手续。 （2）因抢救人员和防止事故扩大而需要改变现场状况时，必须做好标识，绘制现场简图并做好书面记录，见证人员应签字。必要时应当对事故现场和伤亡情况录像或者拍照。 （3）消防、救灾时做好路线、方位、位置的选择，尽量使现场保持原始状态。 （4）不得随意改变事故现场的地形、地貌，不得移动或者取走现场的任何物品，不得改变现场设备、管子、管件、阀门、控制或者保护装置、仪器仪表的位置、状态以及显示数字或指针位置等。 （5）破裂设备的断口，如不影响事故原因分析，可以涂机油以保护断口不被锈蚀和腐蚀。 （6）认真观察现场，注意是否有发生次生事故的可能，防止次生事故发生。 （7）总指挥长视事故情况决定是否向上级领导请示，启动上一级应急救援预案。如启动上一级应急救援预案，则按上一级应急救援预案继续实施应急救援
7	质量要求	1. 到达事故现场人员要求 （1）凡发生特种设备事故的，部门负责人要立即到达事故现场； （2）凡发生人员受伤事故的，分管局长要立即到达事故现场； （3）凡发生人员死亡事故的，局长和分管局长要立即到达事故现场； （4）凡有本级人民政府领导到达事故现场的，局长和分管局长必须到达事故现场。

表 6-1（续）

<table>
<tr><th>序号</th><th>项目</th><th>内容</th></tr>
<tr><td>7</td><td>有关
要求</td><td>2. 事故报告要求
所有接到事故报告的人员要立即根据事故的类别按信息传递路径及时上报。
（1）事故报告的内容
a）事故发生的时间、地点，事故单位概况以及特种设备种类；
b）事故发生的初步情况，包括事故简要经过、现场破坏情况、已经造成或者可能造成的伤亡和涉险人数、初步估计的直接经济损失、初步确定的事故等级、初步判断的事故原因；
c）已经采取的措施；
d）报告人姓名、联系电话；
e）其他有必要报告的情况。
（2）事故报告的方式
情况紧急时，事故现场有关人员可以直接向事故发生地的县级以上市场监督管理部门报告。市场监督管理部门逐级报告事故情况时，应当采用传真或者电子邮件的方式进行快报，并在发送传真或者电子邮件后予以电话确认。特殊情况下，可以直接采用电话方式报告事故情况，但应当在 24 小时内补报文字材料</td></tr>
<tr><td colspan="3">注：特种设备事故应急救援的程序和要求详见《基层特种设备安全监察简明手册》［中国质量标准出版传媒有限公司（中国标准出版社），2021 年 1 月第三次印刷］表 7-2 ～表 7-4。</td></tr>
</table>

6.2　特种设备事故调查处理作业指导书

特种设备事故调查处理作业指导书见表 6-2。

表6-2　特种设备事故调查处理作业指导书

<table>
<tr><th>序号</th><th>项目</th><th>内容</th></tr>
<tr><td>1</td><td>目的</td><td>规范特种设备安全监督管理机构开展特种设备事故报告、调查和处理工作</td></tr>
<tr><td>2</td><td>适用范围</td><td>适用于特种设备安全监督管理部门对其行政区域范围内发生的特种设备事故的调查处理工作</td></tr>
<tr><td>3</td><td>职责</td><td>1. 查清事故发生前的特种设备状况；
2. 查明事故经过（含应急救援情况）和人员伤亡、设备损坏、经济损失情况以及其他后果；
3. 查找事故原因；
4. 认定事故性质和事故责任；
5. 提出对事故责任单位和责任人员的处理建议；
6. 提出事故预防措施和整改建议；</td></tr>
</table>

表 6-2（续）

序号	项目	内容
3	职责	7. 提交事故调查报告； 8. 整理并向组织事故调查的特种设备安全监督管理部门移交有关事故调查的资料
4	制定依据	1.《中华人民共和国突发事件应对法》； 2.《中华人民共和国特种设备安全法》； 3.《特种设备安全监察条例》； 4.《特种设备事故报告和调查处理规定》； 5. TSG 03—2015《特种设备事故报告和调查处理导则》等
5	调查处理对象	与特种设备事故相关的单位和个人
6	工作步骤	1. 成立事故调查组 根据 TSG 03—2015《特种设备事故报告和调查处理导则》的规定，当发生特种设备事故后，特种设备安全监督管理部门应当依法组成事故调查组，对事故进行调查。根据需要，调查组一般可设管理组、技术组、综合组等工作小组。特种设备事故调查权限如下： （1）特别重大事故：由国务院或者国务院授权有关部门组织事故调查组进行调查。 （2）重大事故：由国务院特种设备安全监督管理部门会同有关部门组织事故调查组进行调查。 （3）较大事故：由省、自治区、直辖市特种设备安全监督管理部门会同有关部门组织事故调查组进行调查。 （4）一般事故：由设区的市级特种设备安全监督管理部门会同有关部门组织事故调查组进行调查。 2. 了解现场情况 （1）现场基本情况包括事故发生的单位、时间、地点，事故发生的经过，事故的应急处置情况，事故伤亡人员及相关人员情况； （2）巡视现场，了解事故现场的整体情况； （3）直接询问当事人和报案人，掌握重要现场知情人员，并且做好记录； （4）听取有关人员的介绍，检查现场保护情况，做出标识，绘制现场简图，记录现场了解的有关情况，调阅现场影像资料； （5）事故调查组开展现场询问工作，各工作小组应当准备现场询问工作计划与内容，并且注意相互之间的衔接与配合。 3. 询问有关人员 根据了解的事故初步状况，确定和落实调查的区域、对象，询问问题和询问顺序。 4. 勘查现场 （1）调查事故现场破坏情况； （2）检测设备本体失效或者损坏的情况（包括设备整体、失效部位、残骸）； （3）调查安全附件、安全保护装置、附属设备失效或者损坏的情况； （4）调查现场伤亡人员情况； （5）收集参与事故应急救援相关部门对事故现场进行处置的有关资料；

表 6–2（续）

序号	项目	内容
6	工作步骤	（6）必要时，对当事人或者见证人提供的情况进行现场比对核实。 5. 收集证据 （1）现场物证，包括破损部件、碎片、残留物、致害物的位置等； （2）在现场搜集到的所有物品均应贴上标签，注明地点、时间、管理者； （3）重要物品应保持原样； （4）对危害健康的物品，应采取不损坏原始证据的安全防护措施。 6. 查阅资料 （1）安全管理资料。 （2）事故相关档案资料。查阅并了解与事故相关的特种设备生产、使用、充装、检验、检测、采购、租赁、经营管理等档案资料情况。 7. 做好记录 包括事故调查的会议记录、现场情况了解记录、现场询问记录、现场勘查记录、档案资料审查记录等。 8. 起草事故调查报告 事故调查组根据事故调查情况起草事故调查报告，并向事故单位主管部门及相关部门通报情况。 9. 召开事故分析会 事故分析会由事故调查组组长主持召开，市场监督管理局、公安分局、主管部门、总工会、监察室、涉事镇（街）和事故责任单位负责人参加。事故分析会应围绕事故原因、责任、教训和整改措施等进行讨论，并达成共识，对事故调查报告进行审定。 10. 事故调查报告报批 事故分析会认定的事故调查报告要及时报上级审核批复。 11. 事故结案 按照上级批复的事故调查报告，由市场监督管理局下达和执行处罚决定，出具结案通知书，及时予以结案。 12. 归档 整理事故调查案卷，归档存放备查
7	质量要求	1. 事故结案时间。事故结案时间为 60 日。特殊情况下，经上级批准，提交事故调查报告的期限可以适当延长，但延长的期限最长不超过 60 日。 2. 坚持“四不放过”原则： （1）事故原因未查清不放过； （2）事故责任人未受到处理不放过； （3）事故责任和广大群众未受到教育不放过； （4）事故没有制定切实可行的整改措施不放过。 3. 下一环节监督上一环节的工作质量
注：特种设备事故调查处理的程序和要求详见《基层特种设备安全监察简明手册》［中国质量标准出版传媒有限公司（中国标准出版社），2021 年 1 月第三次印刷］第 7 章 7.6。		

6.3 特种设备安全监察档案管理作业指导书

特种设备安全监察档案管理作业指导书见表6–3。

表6–3 特种设备安全监察档案管理作业指导书

序号	项目	内容
1	目的	确保特种设备安全监察部门档案完整、齐全、高质，使档案资料得到妥善保管、有效利用和持续补充
2	适用范围	适用于特种设备安全监察部门资料的收集、整理、归档、移交、使用、保存及销毁等管理工作
3	职责	特种设备安全监察部门的档案管理人员负责对移交的各类档案进行检查、整理、分类、编目、输入信息库、装盒、入库定位，以及档案的日常借阅和销毁管理
4	制定依据	1.《中华人民共和国档案法》; 2.《中华人民共和国特种设备安全法》; 3.《特种设备安全监察条例》等
5	归档范围	1. 特种设备安全监督管理部门组织的重要会议材料，包括会议通知、会议报告、会议决议、会议总结、典型发言、会议记录等。 2. 特种设备安全监督管理部门对外的正式发文、与有关单位来往的文书。 3. 特种设备安全监督管理部门的各种工作计划、总结、报告、请示、批复、会议记录、统计报表及简报。 4. 特种设备安全监督管理部门办理告知、使用登记发证的资料。 5. 监察人员检查（含举报投诉核查）时的记录表、发出的各种文书，有关的照片、录音和录像，行政相对人提交的各类整改报告和资料。 6. 特种设备行政处罚案卷（由负责执法办案的部门负责归档）。 7. 特种设备安全监督管理部门的大事记及反映重要活动的剪报、照片、录音、录像等
6	归档形式	1. 扫描件。重要资料，扫描后同时保留电子版和纸质件。 2. 纸质原件。一般资料，直接保留纸质原件。 3. 照片、录音、录像等
7	工作步骤	1. 资料收集 由经办人员负责整理和收集资料。一项工作由多人参与办理的，在工作过程中形成的文件材料由主办人收集，交档案管理人员。 2. 资料移交 资料收集者移交资料给档案管理人员时，填写《文件交接清单》(见附录68),《文件交接清单》一式两份，经交接双方签字后，双方各执一份。档案管理人员应将《文件交接清单》存放入《文件交接清册》中归档保存。 3. 收文登记 档案管理人员对收到资料的有效性进行核查并及时办理收文登记。根据资料来源及重要性对资料进行分类，并编制档案目录（见附录69）。存放在档案盒中的资料应与档案目录一一对应。

表 6-3（续）

序号	项目	内容
7	工作步骤	4. 档案整理 （1）归档资料以“件”为单位进行装订。正本与定稿为一件；正文与附件为一件；转发文与被转发文为一件；原件与复制件为一件；来文与复文为一件；文件处理单与文件为一件；报表、名册、图册等每册（本）为一件。 （2）装订时，正本在前，定稿在后；正文在前，附件在后；转发文在前，被转发文在后；原件在前，复制件在后；复文在前，来文在后；有文件处理单的文件，文件处理单在前，文件在后；不同语种的文件，中文文本在前，外文文本在后。 （3）装订文件要整齐、结实、美观。采用左侧装订的，应将文件左、下边对齐；采用左上角装订的，应将文件左、上边对齐。 （4）装盒。归档资料应按件号顺序装入档案盒，并填写备考表、盒内文件目录、档案盒封面及盒脊项目。移交时，盒内必须有完整的档案目录。装盒时应严格区分资料类别，一盒装满后再装下一盒。 （5）档案存放要按照从上至下，从左至右的顺序排列。各种资料要分门别类编号存放。声像资料要集中保存。 5. 档案保管 （1）按有关管理规定确定档案资料保存期限。 （2）目录与档案相符。档案资料应完整无缺，档案资料收进、移出、保存、销毁都必须有严格的手续，做到增减有据，数字准确，确保档案不散不丢。 （3）档案柜设专人负责管理，非档案管理人员未经批准，一律不准翻阅档案柜内的资料及文件。 （4）档案要存放在档案柜内，排列要整齐、美观，保持库房内空气流通。 （5）存储档案资料的磁盘、光盘等磁性介质应妥善保管。备份盘装在保护封套和包装盒中，存放在安全、洁净、防热、防潮、防磁的场所。 6. 日常管理 （1）借阅 a）借阅手续：借阅人填写《借阅档案登记表》（见附录 70）；档案管理人员取出该项档案，并在《借阅档案登记表》上注明借出日期和归还日期，以备及时催还；档案归还时，档案管理人员核查档案无误后，将其归入原位，并填写归还日期，取消借阅记录。 b）借阅人不得转借、拆卸、调换、污损所借档案，不得在文件上圈点、画线和涂改，未经批准不得复印和摘抄档案。 c）借阅人确因工作原因需要复印或摘抄档案的，需经部门负责人同意。 d）借阅人应于规定期限内归还档案。如有其他人借阅同一档案时，应变更借阅登记，不得私自借阅。 （2）销毁 每年保管期限已满的档案由档案管理人员编制纸质和电子的《档案销毁清册》（见附录 71），报部门负责人审核批准，并指定监销人后方可进行销毁。《档案销毁清册》需注明销毁档案目录、部门负责人意见、档案管理人员签章、监销人签章、销毁时间

表 6-3（续）

序号	项目	内容
8	质量要求	1. 当月产生的资料通常应当月提交至档案管理人员；多月才能完成的工作，应在完成后 1 个月内将其资料归档。 2. 及时率 100%。 3. 应归档的资料全部归档。 4. 下一环节监督上一环节的工作质量

附　　录

附录 1　特种设备安装、改造、修理施工通用程序

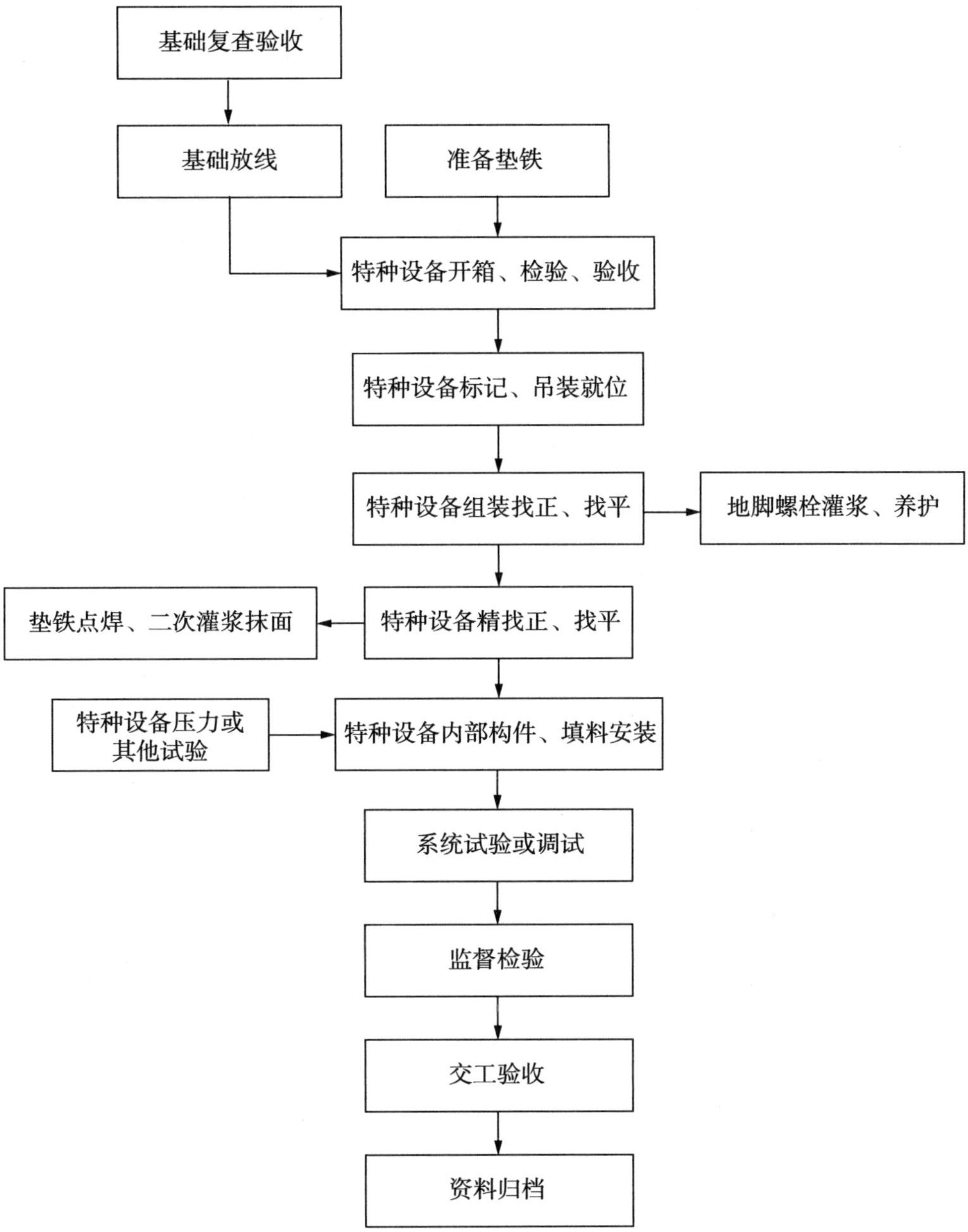

附录 2 大型游乐设施日、月、季、年维护保养项目、内容及要求

大型游乐设施日、月、季、年维护保养项目、内容及要求

填表单位：

序号	项目	内容及要求	结论	周期
1	记录	应有运行、检查、维护保养、修理、改造情况及处理结果等记录		r
2	基础	不应有影响游乐设施正常运行的不均匀沉陷、开裂和松动等异常现象		r
		设备与基础连接部件应牢固可靠		r
		基础部分与地面的交接处、设备与平台的交接处、连接楼面处的梁、板不应出现裂纹等现象		r
		基础防水层不应漏水		r
3	电气控制	电源电压应满足启动及运行的要求，试运行时电压波动范围应满足要求		r
		额定电流应在允许范围内，电源接点及开关无发热现象		y
		各部分线路线缆不应损坏，大负荷的线路不应有发热及变色现象		y
		环境卫生情况对电气系统无影响		y
		气断系统连接牢固，无泄漏		y
		各按钮功能正常，警铃功能正常，紧急停止按钮功能正常		r
		显示屏各仪表显示正常，无故障显示		r
		控制箱、配电箱中各开关触点应良好		r
		指示灯无损坏		r
		无线通信信号正常		r
		对讲系统畅通		r
		主电机电流工作正常		r
		漏电保护器工作正常		y
		互锁继电器工作正常		y
		加热电路工作正常		y
		启动时无异常的振动冲击		r
		所有电机温升正常		r
		短路保护器工作正常		y
		设备急停按钮应完好，动作应可靠，并采用凸起手动复位式		r

（续表）

序号	项目	内容及要求	结论	周期
3	电气控制	电源电压应满足启动及运行的要求，试运行时电压波动范围应满足要求		r
		滑环（滑触线）表面应无局部烧毁的现象		y
		滑环（滑触线）的绝缘层应无破损、击穿的现象		y
		检查碳刷的磨损情况，碳刷与滑环的接触应良好		y
		检查各种电磁装置的吸合情况，电磁线圈应无过热情况发生		y
		各种电子装置（变频器、调速器、PLC、直流电源等）的通风散热情况应良好，应清洁，接线应正常		y
		剩余电流动作保护装置功能应正常，应符合 GB 8408—2018《大型游乐设施安全规范》6.7.1.10 的规定		n
4	金属结构件	各结构件不应有异常情况、裂纹等		r
		支柱、梁等结构件应无锈、腐蚀		r
		支柱及组成部件应无移位、变形和损坏		r
		检查支柱、梁等焊接件，焊缝应无开裂、锈蚀、脱落现象		r
5	紧固件及连接件	检查用于固定的钢缆松紧度		r
		检查用于固定的钢缆及安全保护钢缆		r
		铆钉应无松动现象		y
		各处螺栓应无松动情况		y
		各销轴应无松动现象		y
		钢丝绳断丝的允许值不得超过 GB 8408—2018《大型游乐设施安全规范》的规定		j
6	玻璃钢	玻璃钢骨架应无裂纹、损坏及腐蚀现象		y
		触及乘客的内表面应整洁，不得有玻璃布头显露		r
		玻璃钢件边缘应平整、圆滑，无分层		y
		玻璃钢体表面应清洁		r
		座舱应无裂纹和毛刺现象		r
		表面不准许有裂纹、破损、明显修补痕迹、布纹显露、皱纹、凸凹不平、色调不一致等缺陷，转角处过渡要圆滑，不得有毛刺		r

（续表）

序号	项目	内容及要求	结论	周期
7	铸造件	应无裂纹		r
8	重要销轴	对 GB 8408—2018《大型游乐设施安全规范》规定的重要轴销进行无损探伤（超声波、磁粉、渗透）		n
9	重要焊缝	对 GB 8408—2018《大型游乐设施安全规范》规定的重要焊缝进行无损探伤（磁粉、渗透）		n
9	电动机	地脚螺栓不应有松动现象		y
		运行时，不应有异常响动		r
		运行时，温升应正常		r
		满载运行时，运行应良好		y
10	柴油机	检查柴油机机油量，油位在油标线以上		r
		检查柴油机柴油量，油位在油标线以上		r
11	空气压缩机	空气滤清器、机油滤清器应清洁完好		y
		冷却器外表面、风扇叶片和机组周围应清洁完好		r
		消声过滤器的过滤效果应良好		y
		机器运转声音应正常		r
		储气罐及管道内的油水混合物应放尽		j
		运转过程中，安全阀的灵敏性和压力表的指示值应正常，压力继电器应灵敏可靠		r
		油位应正常，油面应在规定范围内		r
12	回转支撑	回转支撑螺栓的预紧力应符合要求		y
		小齿轮和回转支撑齿面旋转应正常，无杂音，无偏啮合及偏磨损，润滑应良好		j
		回转支撑在运行过程中应无异响、振动、冲击、功率突然增大等异常现象		y
		回转支撑密封应良好		y
13	减速机	固定螺栓应无松动现象		y
		机体应无裂纹及渗漏现象		r
		轴承温升应正常		r
		应无异常声响		r

（续表）

序号	项目	内容及要求	结论	周期
13	减速机	油位应正常		r
		润滑油量应正常		r
		齿轮应无卡阻现象		r
14	联轴器	安装情况应良好		y
		弹性联轴器橡胶圈应无磨损		j
15	齿轮	运行正常，无异响		r
		不应有偏啮合及偏磨损		y
		润滑应良好		y
16	皮带	张紧应适度		y
		应无不均匀磨损		y
		应无开裂、老化现象		y
		传动应平稳		r
17	链轮	安装应良好，无松动现象		y
		齿面无偏啮合及偏磨损现象		j
18	链条	润滑应良好		y
		张紧应适度		y
		伸长率及磨损量应符合 GB 8408—2018《大型游乐设施安全规范》的规定		y
19	轴承	润滑应良好		y
		温升应正常		r
		应无异常声响		r
20	耦合器	安装情况应良好		y
		液力耦合器温升应正常		r
		液力耦合器应无渗油、漏油现象		r
21	滑轮	应无开裂现象		r
		固定应牢固可靠		r
		槽体磨损应均匀		y

（续表）

序号	项目	内容及要求	结论	周期
21	滑轮	润滑情况应良好		r
22	吊厢门	开关应灵活、有效		r
		应无损坏现象		r
23	牵引系统	支臂滑轮、牵引绳、齿圈、环形轨道板、轿厢、对重导轨润滑应良好		r
		链轮与其轴承应安装正确，齿轮啮合应正常，无偏磨损，润滑应良好		y
		传动链与牵引链张紧适当，给油适量，磨损正常，无断裂现象		y
		曳引机运行应平稳、无杂音，联轴器弹片无破损；过滤器应清洁		y
24	钢丝绳及二次保护钢丝绳	曳引钢丝绳表面的油污应去除		r
		提升（悬挂）钢丝绳绳头组合及绳端固定应完好无损		r
		提升（悬挂）钢丝绳应无锈蚀		y
		提升（悬挂）钢丝绳的断丝和磨损允许值应符合 GB 8408—2018《大型游乐设施安全规范》的规定		y
		安全保护钢丝绳固定应完好无损		y
		滑索游乐设施的钢丝绳最长使用时间不得超过 6 年		n
25	传动轴	传动应平稳		r
		润滑应良好，传动轴无明显磨损		y
26	弹性绳	使用过程中，每日都要对弹性绳进行仔细检查并检查弹性绳的动载荷长度与无载荷长度的变化，如发现异常变化，应立即更换		r
		大于 10% 的丝出现损坏，如丝黏合，丝或丝股之间拉力不匀，应报废并销毁		y
		断丝数量已达到制造厂家规定的断丝数量，胶管类弹性绳出现肉眼可见的老化纹、破损或缩径，应报废并销毁		j
		使用的蹦极跳跃次数已达到制造厂家规定的最大跳跃次数，应报废并销毁		y
		遭受破坏，或接触了腐蚀性的化学物质或溶剂，应报废并销毁		y
		已经过期，应报废并销毁		j
27	回转接头	密封应良好，无明显漏气（漏油）现象		r
		每月润滑一次		y

（续表）

序号	项目	内容及要求	结论	周期
28	管路和油箱	工作油温应正常		r
		密封应良好，无漏油现象		r
		加热器、冷却器工作应正常		r
		油面位置应符合要求		r
		油位指示器外观应清洁，刻度清晰		y
		结合部位应无漏油现象		r
29	液压泵及油马达	起动前，液压泵和油马达的壳体和吸油口应有储存充足的油液		r
		运转时应无异响，吸油管应无松动		r
		油液温升应正常		r
30	滤油器	应无堵塞、破损		y
		应完好及清洁		y
31	油（气）缸	各连接件应完好		r
		油（气）缸支座固定螺钉应无断裂现象		r
		活塞杆端头螺纹处和活塞应可靠锁紧		y
		销轴润滑应良好		r
		动作应灵活到位，无异常声响，速度均匀，无爬行现象		r
		气缸运动件表面应保持良好的润滑状态，气源入口设置的油雾器应及时补油		r
		气缸应无异常声响，应无窜动错位现象		r
		刹车减速装置（如板式制动器）中的气缸（囊）刹车分泵等件应完好		r
32	阀、集成块	应无漏油情况		y
		检查固定是否良好		y
		检查动作是否灵活可靠		y
		检查线圈温升是否正常		y
33	低温工作	启动时，操作盘的油温指示装置应指示正确，灵敏有效		r
		检查油温加热器，指示装置、电气连接应正常，管路应通畅，连接处无漏油等异常现象		r

（续表）

序号	项目	内容及要求	结论	周期
34	气动安全阀	工作应正常。压力表、安全阀应在合格有效期内		j
35	贮气罐	管接头、人孔加强圈密封处、封头结合等部位应无漏气、变形和严重锈蚀等现象		r
		压力容器应有当地检验机构的检验报告		y
		无倾斜现象		y
36	干燥器	管路接口的密封应良好，管路连接处应无泄漏，各部件与连接支架应牢固		r
		电源、漏电断路保护器、接地线、指示信号、冷媒压力等应正常		y
		干燥器排水管应通畅		r
		高分子隔膜式干燥器的露点显示情况应正常		r
37	三元件与阀体	分水滤气器、减压阀、油雾器工作应正常		y
		减压阀调压和稳压工况应正常		y
		油雾器润滑油的品质应良好，并及时补充		j
		油雾器的滴油量应正常		r
38	乘人部分与障碍物间的安全距离	乘客身体可伸出座舱时，应设有防止乘客与周围障碍物相碰撞的安全装置或留出不小于500mm的安全距离；当全程或局部速度不大于1m/s时，安全距离不小于300mm		y
39	乘客可触及之处	均不允许有外露的锐边、尖角、毛刺和危险突出物等		r
40	安全把手	固定应牢固可靠，把手表面应光滑		r
41	安全压杠	固定应牢固可靠，应无开裂、变形、锈蚀		r
42	安全带	固定应牢固可靠		r
		应无破裂及开线现象		r
43	安全标识	操作盘安全标识应完好		r
		水上游乐设施应按要求标有醒目的水深标识		r
		游乐设备各安全标识、语音提示器应正常		r
44	安全栅栏	安全栅栏固定应可靠，不应有开焊及破损现象		y
		应有进、出口，锁应完好		r

（续表）

序号	项目	内容及要求	结论	周期
44	安全栅栏	进、出口应有对应的进出口标识		r
45	防碰撞装置	滑行车类、架空游览车类、碰碰车类防碰撞装置应完好		y
46	缓冲装置	滑行类车辆、架空脚踏车、滑索、滑道的缓冲装置应完好、有效		y
47	电磁式制动	电磁式制动装置应完好，电磁线圈应无损坏		r
48	机械制动	制动装置应开闭灵活、可靠，制动蹄、摩擦片、制动盘、弹簧、杠杆连轴等关键部位应无损坏		r
		赛车类手刹制动应灵活有效、定位准确、刹车到位		r
		检查制动闸瓦的磨损情况，满足 GB 8408—2018《大型游乐设施安全规范》规定的报废标准时，应予以更换		y
49	机械安全装置	安全压杠固定旋转轴应灵活可靠，锁母无松动		r
		棘爪与棘轮齿面应紧密啮合且旋转灵活自如，无缺齿现象，安全压杠间隙不宜过大		r
50	液压安全装置	油缸伸缩运动应上下自如，无泄漏、爬行和卡阻现象，液压系统油路应畅通，电磁阀开关应动作灵敏、可靠		r
51	气动安全装置	气缸上下伸缩运动及锁销定位应灵活自如，无渗漏和卡阻现象，气动三元件应完好无损，系统额定压力正常，密封性良好，无漏气现象，气动阀开关应灵敏、可靠		r
		弹簧气动杆无断裂、漏气现象，回位应灵活，锁紧装置应可靠		r
		板式制动装置应协调、可靠，保证系统额定压力，保证乘坐物顺利进站制动，制动闸衬的磨损量不得大于原厚度的 50%		y
52	二次保险装置	止逆装置功能应良好，动作可靠。步道无严重锈蚀，结构件无开焊		r
		漂浮类充气装置应完好		r
		架空类防倾倒装置应完好有效		r
53	锁具	各种锁具应闭合到位，锁具应安全可靠		r
54	碰碰船及水池	人造水池水深标线不大于 1.1m		r
		天然水池水深标线不大于 1.5m		r
		船的动力部分和传动装置遮挡物无损坏，与乘客严格分开		y
55	游乐池水深标志	有醒目的水深标志。流水池水深不大于 1.2m		r
		造波池水深不大于 1.8m；成人滑梯水池水深为 0.8 ～ 0.9m		r

（续表）

序号	项目	内容及要求	结论	周期
55	游乐池水深标志	儿童滑梯水池水深不大于 0.6m；儿童涉水池水深不大于 0.6m		r
		幼儿涉水池水深为 0.25 ～ 0.3m；戏水池水深不大于 0.8m		r
		特殊型式的水滑梯水池水深（如上抛式）不大于 1.5m		r
56	淋浴消毒装置及浸脚消毒	入池前淋浴消毒装置完好，浸脚消毒池池深符合要求		r
57	水上游乐设施	应配备足够的救生人员，救生人员应取得救生员资格证		y
		在宽阔水面上不易观察到的设施应设置高位监护哨		r
		承载工具（浮圈、乘垫）不应伤害乘员并能自由漂浮在水面		r
		救生器具选用有检验标志的产品		y
58	池壁、池底及棱角、底角	游乐池应不渗水，池沿和台阶应无棱角，池壁应光滑，池底应防滑；预埋件不应露出池底，对露出的应采取保护措施		y
59	池沿	池沿应无棱角；应设置成防止周边雨水、污水等流入池内的构造型式		y
60	游乐池过滤净化设备	游乐池池水过滤净化及消毒设备应工作正常		y
61	润滑水流量	应调节适当，满足润滑和适当的滑行速度要求		r
62	滑道护板及附件	应符合 GB/T 18168—2017《水上游乐设施通用技术条件》4.2.3.7 的规定		y
63	滑道表面	应平整光滑，无龟裂、毛刺、突出		r
64	下滑方式标牌	在滑梯明显处设置下滑方式标牌，标示清晰、明确		r
65	起点处横杆高度	起点处横杆高度为 1.1m，应固定可靠。适用于滑索项目		y
66	救生措施	水上游乐园区应配备足够的救生人员和救生圈、救生棒、安全绳、担架等应急救援工具以及通信联络器材或设备		r
67	吊（锁）具	各种吊（锁）具应闭合到位，且应安全可靠		r
68	承载索直径	滑索宜采用双绳，承载索直径不小于 12mm		y

（续表）

序号	项目	内容及要求	结论	周期
69	滑行阻尼和进站速度	滑索的阻尼装置应工作正常		r
		小车进站前速度适当，滑行小车制动应平稳、安全可靠		r
70	滑索安全距离	滑索与障碍物的距离应不小于 1.5m		y
71	承载索张力调整装置和二次保护	承载索张力调整装置正常		y
		上、下站固定端防松措施和二次保护措施可靠		r
72	滑索钢丝绳端部固定	钢丝绳的端部紧固装置固定可靠，无损坏		r
		固定方法符合 GB 8408—2018《大型游乐设施安全规范》7.9.6 的规定		n
73	滑车及钢丝绳防脱落过卷装置	滑车滑轮防止钢丝绳从滑轮槽内脱落的装置应安全可靠		r
		回收装置防钢丝绳脱出装置应完好		r
		电动回收装置防过卷装置应完好		y
74	滑车保护装置	滑行车二次保护措施应可靠		r
75	安全附件	应可靠，卡扣闭锁结构应完好		r
76	防护垫	悬挂应牢固可靠，能充分发挥其缓冲作用		r
77	高空平台弹跳口	高空平台弹跳口拦挡物应安全无损坏		r
78	安全带等装置的固定装置	高空平台安全背带或安全带的固定装置应固定可靠		r
79	冲击绳、回收绳和定滑轮等设备的悬挂或固定装置	用于冲击绳、回收绳和定滑轮等设备的悬挂或固定装置应牢固可靠		r
80	高空平台上操作人员的安全措施	应安全可靠		r
81	高空蹦极上部安全距离	反弹最高点与平台下缘竖向距离应不小于跳跃高度的 7%，并不小于 2m		y

（续表）

序号	项目	内容及要求	结论	周期
82	高空蹦极跳跃底部安全距离	当跳跃高度大于 40m 时，竖向距离不小于 4m		y
		当跳跃高度不大于 40m 时，竖向距离不小于 3m		y
83	弹射蹦极上空障碍物和向上的安全距离	蹦极上空不得有电线、电缆等障碍物		r
		向上的空间距离应不小于塔架高度的 2 倍		y
84	弹射蹦极前后的安全距离	座舱向前与向后的安全距离应不小于 10m		y
85	小型蹦极摆动的安全距离	小型蹦极（指塔架高度小于 10m 的弹射蹦极）摆动的安全距离应不小于 1.5m		y
86	弹跳及滑道设施	周围应设置防止碰撞的有效缓冲物及拦挡物		r
87	终点制动装置	滑道下站应设置可靠的制动装置，其制动长度应不小于 8m		r、y
88	滑道两侧无障碍物距离	下行滑道两侧无障碍物距离应符合 GB/T 18879—2020《滑道通用技术条件》6.7 的规定		y
89	滑道与上方障碍物高度	下行滑道从桥梁下隧道中通过时，停放于该处的滑车面板表面距离桥梁或隧道下限的垂直高度应不小于 1.5m		y
		下行滑道与上方的架空索道、滑行道、提升道或其他设施交叉时，该处滑行道上方应设置安全有效的防范隔离设施		r
		防范隔离设施的下限至停放于该处的滑车面板表面的垂直距离应不小于 1.5m		y
90	任意位置停车后松闸	滑车在下行滑道任意区段内停车后，在松开刹车装置时，滑车能自行启动下滑		r
91	滑车刹车下滑	滑车空车在轨道上停放时，自然处于刹车状态，此时滑车在除跳跃段外的任何下行滑道上不得自行下滑		r
92	滑车刹车块	应安装牢固、有效、可靠		r
93	滑道提升滑车挂接	滑道提升滑车挂接装置挂接可靠，不得在索道运行过程中出现滑车掉落		r

（续表）

序号	项目	内容及要求	结论	周期
94	车轮及轨道	与车轮及轨道相关的紧固件应良好，轴端锁具防松应良好，无锈蚀、裂纹等		r
		车轮转动应灵活		r
		车轮磨损不应超标，应无裂纹及其他缺陷		y
		立柱与基础相连处应无生锈及腐蚀现象		y
		车轮轮胎气压应适度		r
95	车辆及连接部位	紧固件连接应牢固，防松应可靠		r
		车辆联接器安装应良好		r
		车体骨架、外围玻璃钢应无裂纹、破损及腐蚀		y
		座位及靠背应无破损		r
		车辆联接器给油应适当		r
		运转时应无异响，吸油管应无松动		r
		油液温升应正常		r
96	安全防护项目	其他形式的保险装置应完好有效（牵引杆的安全保险装置、防倒滑装置、重要连接杆件防松措施、升降牵引的安全保护装置、运动限制器）		r
		行程开关应起作用		r
97	座舱	座舱骨架应无开裂、开焊、损坏、腐蚀及锈蚀现象		y
		座舱应整洁，舱内无杂物		r
98	碰碰车场地	上、下电极板之间的高度保持不低于 2.7m		y
		车场极板拼接紧密、平整，拼接处的高低差不大于 2mm		y
		上电极板镀锌钢板无严重锈蚀、磨损，钢板网无损坏，均应固定安全可靠、平整		r
		下电极板应平整，焊缝应打磨平滑。焊缝无开裂，焊缝间隔不大于 300mm；未焊处缝隙不大于 3mm。钢板厚度不小于 4mm		y
99	碰碰车摩电弓和正极板（网）接触	摩电弓与正极板（网）应接触良好，摩电弓座应灵活可靠		r

（续表）

序号	项目	内容及要求	结论	周期
100	地板馈电的碰碰车馈电电压	馈电电压不大于 50V		r
101	滑接器与电极板接触	滑接器与正极板应接触良好，滑接器座灵活可靠		r
102	备用电源	发电机各部件应正常及完好		r
		发电机启动装置的蓄电池电量及燃料应充足		r
		各种按钮应有效		r
		发动机燃油和润滑油的油位应在正常位置		r
103	监控系统	报警系统工作应正常		r
		各种检测仪器（如风速、温度、湿度、重力）应正常有效		r
		B 级以上大型游乐设施应安装视频监控设施		r
		监控画面应能观察到整个设备运行情况及人员上下情况，并且可以观察操作人员的操作情况		r
维护保养检查结论				
维护保养人员（签字）			保养日期	
运营使用单位安全管理人员（签字）			日期	
注：“r”代表日，“y”代表月，“j”代表季，“n”代表年。其中，月维护保养内容包含日维护保养的全部项目，季维护保养内容包含日和月维护保养的全部项目，年维护保养内容包含日、月和季维护保养的全部项目。				

附录 3 生产现场类特种设备隐患排查清单

生产现场类特种设备隐患排查清单

风险点					排查内容与排查标准					日常检查			专业性检查		综合性检查		……
编号	类型	名称	风险点等级	责任单位	作业步骤（检查项目）		危险源或潜在事件（标准）	管控措施		名称（示例：交接班）	名称（示例：巡检）	……	名称	……	名称	……	
					序号	名称				排查周期 / 组织级别（示例：每天 / 岗位级）	排查周期 / 组织级别（示例：每周 / 车间级）		排查周期 / 组织级别		排查周期 / 组织级别		
	作业活动或设备设施				1			工程技术									
								管理措施									
								培训教育									
								个体防护									
								应急处置									
					2												
					3												

附录 4　基础管理类特种设备隐患排查清单

基础管理类特种设备隐患排查清单

序号	排查项目	排查内容与排查标准	专业性检查		综合性检查		……		……	
			名称	名称	名称	名称	名称	名称	名称	名称
			排查周期 / 组织级别（示例：每季度 / 企业级）	排查周期 / 组织级别（示例：每月 / 部门级）	排查周期 / 组织级别	排查周期 / 组织级别	排查周期 / 组织级别	排查周期 / 组织级别	排查周期 / 组织级别	排查周期 / 组织级别
	教育培训	主要负责人和安全管理人员接受培训，按规定取证，取证后按规定进行再培训教育，培训教育学时符合规定								
		生产单位主要负责人和安全管理人员具备与所从事的生产经营活动相适应的安全生产知识和管理能力								
		按规定取证，证件有效，证件与实际岗位相符，证件符合国家有关规定和要求								
		开展日常教育、“三级”教育、“四新”教育、转岗、重新上岗等安全培训教育，安全培训教育规定时间和内容符合要求								
		……								

附录 5 生产现场类特种设备隐患排查台账

生产现场类特种设备隐患排查台账

风险点					排查内容与排查标准					计划过程				排查过程						整改过程					验收过程		
编号	类型	名称	风险点等级	责任单位	作业步骤（检查项目）序号	作业步骤（检查项目）名称	危险源或潜在事件（标准）	管控措施		排查类型	排查周期	责任单位	责任人	排查结果	隐患描述	隐患级别	排查人	排查时间	形成原因分析	整改措施	整改责任单位	整改责任人	整改期限	资金额	验收时间	验收人	验收情况
	作业活动或设备设施				1			工程技术																			
								管理措施																			
								教育培训																			
								个体防护																			
								应急处置																			
					2																						
					3																						

附录 6　基础管理类特种设备隐患排查台账

基础管理类特种设备隐患排查台账

计划过程							排查过程						整改过程					验收过程		
序号	排查项目	排查内容与排查标准	排查类型	排查周期	责任单位	责任人	排查结果	隐患描述	隐患级别	排查人	排查时间	形成原因分析	整改措施	整改责任单位	整改责任人	整改期限	资金额	验收时间	验收人	验收情况

附录 7　风险分级及管控要求

风险分级及管控要求

风险等级	风险描述/危险程度	管控要求
1 级	重大风险	按照法律、法规要求立即采取措施，只有当风险已降至可接受或可容许程度后才能开始或继续工作
2 级	较大风险	应制定措施进行控制管理。企业负责重点控制管理，特种设备安全管理负责人负责控制管理，各专业职能部门及特种设备安全管理人员根据职责分工具体落实。 当风险涉及正在进行中的工作时，应采取应急措施，并根据需求为降低风险制定目标、指标、管理方案或配给资源、限期治理，直至风险降至可接受或可容许程度后才能开始或继续工作
3 级	一般风险	需要控制整改。部门负责风险源的管理，特种设备安全管理人员负责控制管理，所属车间具体落实；应制定管理制度、规定进行控制，努力降低风险，在规定期限内实施降低风险措施。在严重伤害后果相关的场合或公众聚集场所，必须进一步进行评价，确定伤害的可能性和是否需要改进控制措施
4 级	低风险	车间应引起关注，负责风险源的控制管理，特种设备作业人员及所属工段、班组具体落实；不需要另外的控制措施，应考虑投资效果更佳的解决方案或不增加额外成本的改进措施，需要监视来确保控制措施能维持现状，并保留记录

附录 8　特种设备型式试验申请单

特种设备型式试验申请单

<table>
<tr><td colspan="2">申请单位名称</td><td colspan="3"></td></tr>
<tr><td colspan="2">申请单位通信地址</td><td colspan="3"></td></tr>
<tr><td colspan="2">申请单位注册地址</td><td colspan="3"></td></tr>
<tr><td colspan="2">申请单位负责人</td><td></td><td>申请单位邮政编码</td><td></td></tr>
<tr><td colspan="2">申请单位联系人</td><td></td><td>申请单位固定电话</td><td></td></tr>
<tr><td colspan="2">联系人移动电话</td><td></td><td>联系人电子邮箱</td><td></td></tr>
<tr><td colspan="2">试验依据</td><td></td><td>样机（样品）制造日期</td><td></td></tr>
<tr><td colspan="2">拟试验日期</td><td></td><td>拟试验地点</td><td></td></tr>
<tr><td rowspan="9">型式试验内容</td><td colspan="4">设备型式试验</td></tr>
<tr><td>制造单位名称</td><td></td><td>制造地址</td><td></td></tr>
<tr><td>制造单位注册地址</td><td></td><td>制造单位负责人</td><td></td></tr>
<tr><td>制造单位联系电话</td><td></td><td>制造单位联系传真</td><td></td></tr>
<tr><td>产品名称</td><td></td><td>设备品种</td><td></td></tr>
<tr><td>设备类别</td><td></td><td>产品型号</td><td></td></tr>
<tr><td>主要技术参数</td><td colspan="3"></td></tr>
<tr><td colspan="4">□新产品　□新材料　□新技术　□新工艺型式试验</td></tr>
<tr><td colspan="4">具体内容：</td></tr>
<tr><td colspan="5">声明：
1. 本单位承诺遵守型式试验有关规则的相关规定和要求，保持所制造产品的一致性。
2. 本单位提供的型式试验样机（样品）及相关资料真实有效，符合对应产品的型式试验要求，并自检合格。
（申请单位盖章）
年　月　日</td></tr>
<tr><td colspan="5">型式试验机构受理意见：

型式试验机构受理人：　年　月　日</td></tr>
</table>

附录 9　特种设备许可鉴定评审申请表

特种设备许可鉴定评审申请表

<table>
<tr><td colspan="2">申请单位名称（盖章）</td><td colspan="5"></td></tr>
<tr><td colspan="2">申请单位联系人</td><td></td><td colspan="2">联系电话</td><td colspan="2"></td></tr>
<tr><td colspan="2">邮政编码</td><td></td><td colspan="2">传真</td><td colspan="2"></td></tr>
<tr><td colspan="2">申请单位法人代表</td><td></td><td colspan="2">申请受理编号</td><td colspan="2"></td></tr>
<tr><td colspan="2">鉴定评审机构名称</td><td colspan="5"></td></tr>
<tr><td>项目</td><td>种类</td><td>类别（类型）</td><td>级别</td><td>品种（型号）</td><td>范围</td><td>备注</td></tr>
<tr><td rowspan="9">申请
项目</td><td></td><td></td><td></td><td></td><td></td><td rowspan="9"></td></tr>
<tr><td></td><td></td><td></td><td></td><td></td></tr>
<tr><td></td><td></td><td></td><td></td><td></td></tr>
<tr><td></td><td></td><td></td><td></td><td></td></tr>
<tr><td></td><td></td><td></td><td></td><td></td></tr>
<tr><td></td><td></td><td></td><td></td><td></td></tr>
<tr><td></td><td></td><td></td><td></td><td></td></tr>
<tr><td></td><td></td><td></td><td></td><td></td></tr>
<tr><td></td><td></td><td></td><td></td><td></td></tr>
<tr><td colspan="7">申请单位代表：

（申请单位公章）
日期：</td></tr>
<tr><td colspan="7">鉴定评审机构意见：

（鉴定评审机构公章）
日期：</td></tr>
</table>

注：如需要，可附“许可产品明细表”。

附录 10　特种设备鉴定评审工作通知函

特种设备鉴定评审工作通知函

编号：________________

__________________：

经协商，定于_______年___月___日至___月___日对你单位申请_______进行现场鉴定评审，请做好有关准备。

一、鉴定评审组成员名单

姓名	性别	鉴定评审组中职务	评审证号	手机号
		组长		
		组员		
		组员		

二、评审事项与程序

首次会议、现场巡视与检查、分组审查、交换意见、总结会议。

三、廉政要求

申请单位与评审组均应遵守廉政相关规定，申请单位不准提供高档场所就餐消费，不准提供五星级及五星级以上酒店与价格高于各地出差标准的酒店，厉行节约，不铺张浪费。

注：1. 请申请单位联系当地监察机构对评审过程进行监督。

2. 本通知函一式三份，一份送申请单位，一份送许可实施机关，一份由鉴定 评审机构存档。

3. 对日期安排、鉴定评审组人员组成如有意见，请在收到本通知函的 5 个工作日内提出书面意见。

________特种设备检测研究院

________年____月____日

附录 11　特种设备鉴定评审整改报告

特种设备鉴定评审整改报告

××××特种设备检测研究院：

根据 ×× 市场监督管理局同意受理的 ×× 市监（特设）受字［××××］第 ×××× 号《市场监督管理局行政许可申请受理决定书》，贵院于________年____月____日至________年____月____日对我公司进行了________许可现场鉴定评审。评审中提出了需要整改的问题共____项。

评审结束后，我公司逐项落实整改，现提交整改报告及相关见证资料。

请予确认。

单位名称：（公章）

________年____月____日

附件：

1. 整改措施汇总表；
2. 整改措施与整改见证材料（每项问题 1 套）。

整改措施汇总表

<table>
<tr><td>序号</td><td>需要整改的问题</td><td>整改措施</td><td>备注</td></tr>
<tr><td>1</td><td></td><td></td><td></td></tr>
<tr><td>2</td><td></td><td></td><td></td></tr>
<tr><td>3</td><td></td><td></td><td></td></tr>
<tr><td>4</td><td></td><td></td><td></td></tr>
<tr><td>5</td><td></td><td></td><td></td></tr>
<tr><td>6</td><td></td><td></td><td></td></tr>
<tr><td colspan="2">申请单位代表：</td><td colspan="2">日期：</td></tr>
<tr><td colspan="4">评审组审查意见：
纠正措施有效，见证材料齐全，符合要求。

评审组长：

日期：</td></tr>
</table>

整改措施

<table>
<tr><td>问题描述：</td></tr>
<tr><td>整改措施：</td></tr>
<tr><td>整改措施验证记录：

整改措施完成日期：　　　　年　　月　　日完成

申请单位代表：</td></tr>
<tr><td>整改措施跟踪检查结果：
□整改措施有效，见证材料齐全。
□整改措施可以接受，需进一步验证。
□须签发新的问题报告。

评审员：　　　　　　　　　　　　日期：</td></tr>
</table>

整改见证材料

附支持问题整改的所有见证材料。

附录 12　特种设备检验意见通知书

特种设备检验意见通知书

_____（填写受检单位名称）_____：

经检验，你单位使用登记号为____________________，或产品编号为____________的_____（填写设备名称）_____存在以下问题，请于_____年___月___日前将处理结果报送我机构。

<table>
<tr><td>问题和意见：

检验人员：　　　　　　　　日期：
检验机构技术人员：　　　　日期：　　　　（检验机构检验专用章）
受检单位接收人：　　　　　日期：</td></tr>
<tr><td>处理结果：

受检单位主管负责人：　　　日期：　　　　（受检单位）
年　　月　　日</td></tr>
</table>

注：本通知书是在检验中发现问题，需要受检单位进行处理时出具。本通知书一式三份，一份由检验机构存档，两份送受检单位，受检单位应当在要求的时间内将其中一份返回给检验机构。当发现严重隐患时，可以增加一份报特种设备使用登记机关。

附录 13　特种设备监督检验申请 / 受理单

特种设备监督检验申请/受理单

受理号：

<table>
<tr><td rowspan="12">生产单位报检</td><td>施工单位</td><td colspan="2"></td><td>建设单位</td><td colspan="2"></td></tr>
<tr><td>施工单位联系人</td><td></td><td>建设单位联系人</td><td></td><td>施工地点</td><td></td></tr>
<tr><td>联系电话</td><td></td><td>联系电话</td><td></td><td>工程总造价</td><td></td></tr>
<tr><td rowspan="4">工程情况</td><td>设备名称</td><td>规格型号</td><td>数量</td><td>施工类别</td><td>备注</td></tr>
<tr><td></td><td></td><td></td><td></td><td></td></tr>
<tr><td></td><td></td><td></td><td></td><td></td></tr>
<tr><td></td><td></td><td></td><td></td><td></td></tr>
<tr><td>申请监督检验的条件</td><td colspan="5">1. 施工单位应当取得相应项目及级别的许可证，且在有效期内；
2. 安装、改造、修理施工已经按照规定进行了施工告知；
3. 安装的设备是取得特种设备制造许可证的制造单位的产品，并符合安全技术规范的要求；
4. 所改造、修理的设备已经办理了使用登记手续。</td></tr>
<tr><td>申请监督检验时应提供的资料</td><td colspan="5">1. 管理资料：特种设备施工告知书、施工合同、施工计划；移装手续（移装前的检验报告、调拨单或合同、设备技术资料等）、平面布置图（锅炉房）。
2. 出厂资料：设备出厂资料和产品监督检验证书；安全附件、附属设备的出厂资料。
3. 施工资格证件：许可证件；现场施工人员中应当持证人员的证件。
4. 施工工艺文件：现场施工组织方案；焊接工艺及相关焊接工艺评定资料；调试和试运行工艺。
5. 现场质量管理体系文件：现场施工组织机构、质量管理机构和相关质量管理责任人的任命文件；质量管理人员、专业技术人员和专业技术工人名单；现场质量管理手册、程序文件及相关的作业指导书和管理制度；施工用设备和检验检测设备，仪器检定证书。</td></tr>
<tr><td>承诺</td><td colspan="5">在此，我申明：所提供的资料内容真实有效，如有虚假愿承担一切责任。
申请人：　　　　申请单位：（公章）　　申请日期：　　　　年　　月　　日</td></tr>
<tr><td>监督检验收费</td><td colspan="5">按标准共应缴监检费　　　　元</td></tr>
<tr><td>注意事项</td><td colspan="5">1. 施工单位在施工过程中应及时向本检验机构汇报工程进度，提供自检记录报告；在收到本检验机构发出的《特种设备安全质量监督检验工作联络单》或《特种设备安全质量监督检验意见通知书》后，应在规定的期限内处理并回复；及时出具施工质量证明书，并对施工质量和安全性能负责。
2. 建设单位应及时提供特种设备相关的建筑资料和验收证明，并组织协调好施工过程中各相关方的关系。</td></tr>
</table>

<table>
<tr><td>受理意见</td><td colspan="2">你单位所提供的监督检验条件和资料符合申请要求，申请已被受理，请及时与本检验机构联系，以便开展监督检验。
受理人：
年　　月　　日</td></tr>
<tr><td rowspan="3">工作指令</td><td colspan="2">检验机构分管主任实施意见：

检验机构分管主任（签字）：　　　　日期：</td></tr>
<tr><td colspan="2">检验室意见：

检验室负责人（签名）：　　　　日期：</td></tr>
<tr><td colspan="2">实施情况反馈：</td></tr>
<tr><td colspan="2">检验机构名称：
地址：
电话（传真）：</td><td>开户行：
账　号：</td></tr>
</table>

注：本申请 / 受理单一式两份，一份由申请单位保存，一份由检验单位保存。

附录 14　特种设备监督检验流程图

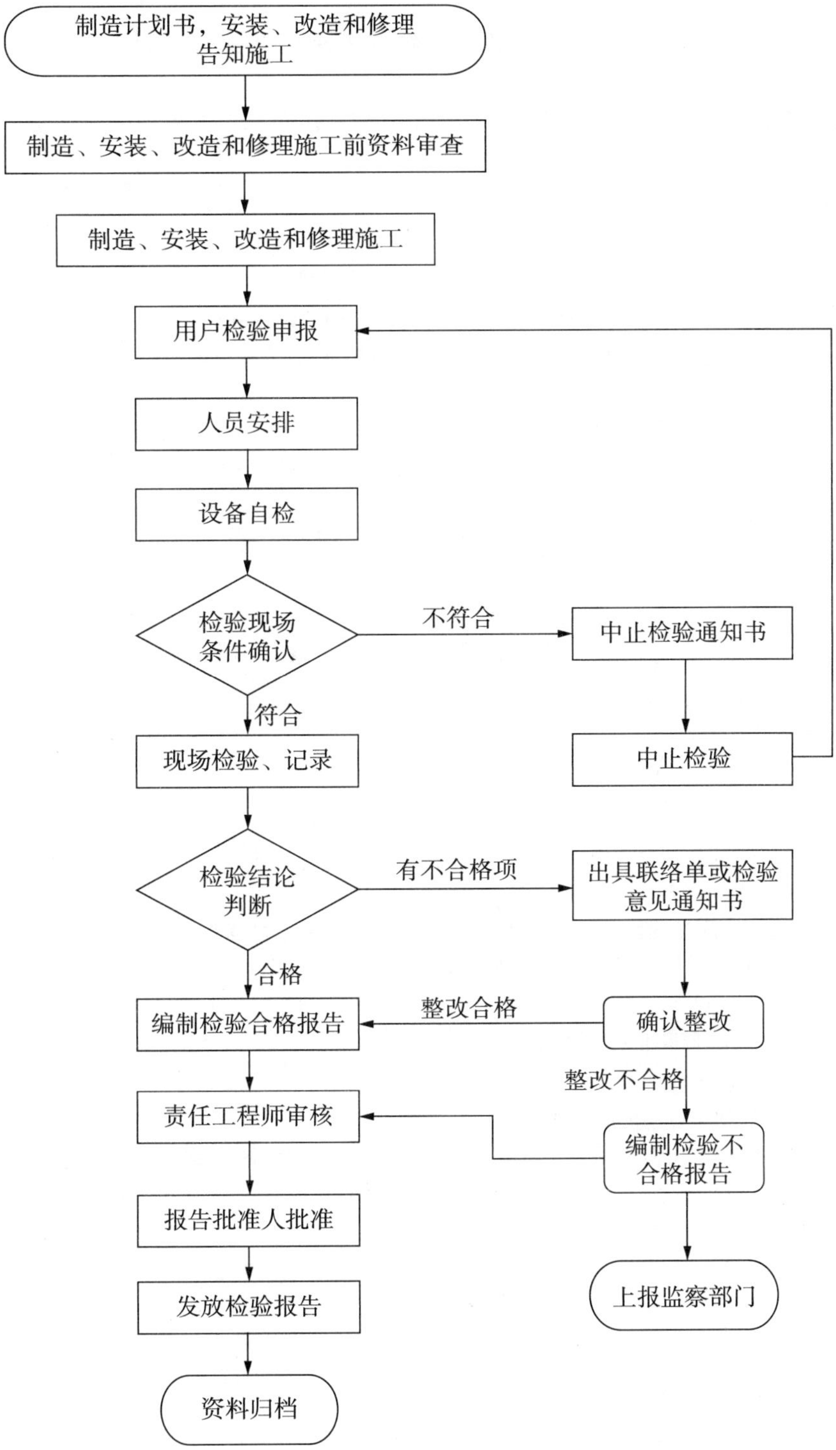

附录 15　特种设备定期检验申请 / 受理单

特种设备定期检验申请/受理单

序号：

<table>
<tr><td rowspan="12">使用单位报检</td><td>使用单位</td><td colspan="2"></td><td>联系地址</td><td colspan="2"></td></tr>
<tr><td>单位负责人</td><td></td><td>联 系 人</td><td></td><td>联系电话</td><td></td></tr>
<tr><td>邮政编码</td><td></td><td>申请检验日期</td><td></td><td>邮政编码</td><td></td></tr>
<tr><td>报告发放方式</td><td colspan="5">○自取　○邮寄（按照联系地址邮寄）</td></tr>
<tr><td>申请定期检验条件</td><td colspan="5">1. 申请定期检验的设备应是取得特种设备制造许可证的制造单位的产品，并符合《中华人民共和国特种设备安全法》《特种设备安全监察条例》及相关安全技术规范的要求；
2. 申请定期检验的设备已经办理了注册登记手续；
3. 使用单位应在特种设备安全检验合格有效期届满前 1 个月提出申请。</td></tr>
<tr><td>使用单位申请</td><td colspan="5">根据《中华人民共和国特种设备安全法》《特种设备安全监察条例》及相关安全技术规范的要求，我单位下列特种设备即将到达定期检验期限，特申请检验。
申请人：
使用单位盖章：　　　　　年　　月　　日</td></tr>
<tr><td colspan="6">申请定期检验特种设备一览表（可附页）</td></tr>
<tr><td colspan="2">设备名称</td><td colspan="2">规格型号
（单位内部编号）</td><td colspan="2">注册代码（使用证号）</td></tr>
<tr><td colspan="2"></td><td colspan="2"></td><td colspan="2"></td></tr>
<tr><td colspan="2"></td><td colspan="2"></td><td colspan="2"></td></tr>
<tr><td rowspan="2">中心受理</td><td>受理意见</td><td colspan="5">□ 提交的检验申请资料符合要求，申请被受理，请及时缴纳检验费并与检验业务室联系（电话：　　　　　　　）。
□ 提交的检验申请资料不符合要求，申请未被受理，须补正材料，详见《特种设备检验申请材料补正通知单》。
受理人：　　　　　　　年　　　月　　　日</td></tr>
<tr><td>检验收费</td><td colspan="5">按收费标准共应缴检验费　　　　元。</td></tr>
<tr><td>重要提示</td><td colspan="6">检验前请做好以下准备工作：
1. 受检设备的使用登记证（注册登记证明）。
2. 受检设备的技术文件及相关使用、运行、改造、修理等相关记录。
3. 检验前用户做好受检设备的清理置换、安全防护工作。
4. 检验过程中请使用单位安排专人做好检验配合工作。</td></tr>
<tr><td colspan="4">检验单位名称：
受理地址：

电话（传真）：</td><td colspan="1">邮编：

邮箱：</td><td colspan="2">收款人：
账号：
开户行：
备注：</td></tr>
</table>

注：1. 未经注册登记的特种设备不能申请定期检验。

2. 超过检验有效期的设备应停止使用。

3. 本申请 / 受理单一式两份，一份由申请单位保存，一份由检验单位保存。

附录 16　特种设备定期检验流程图

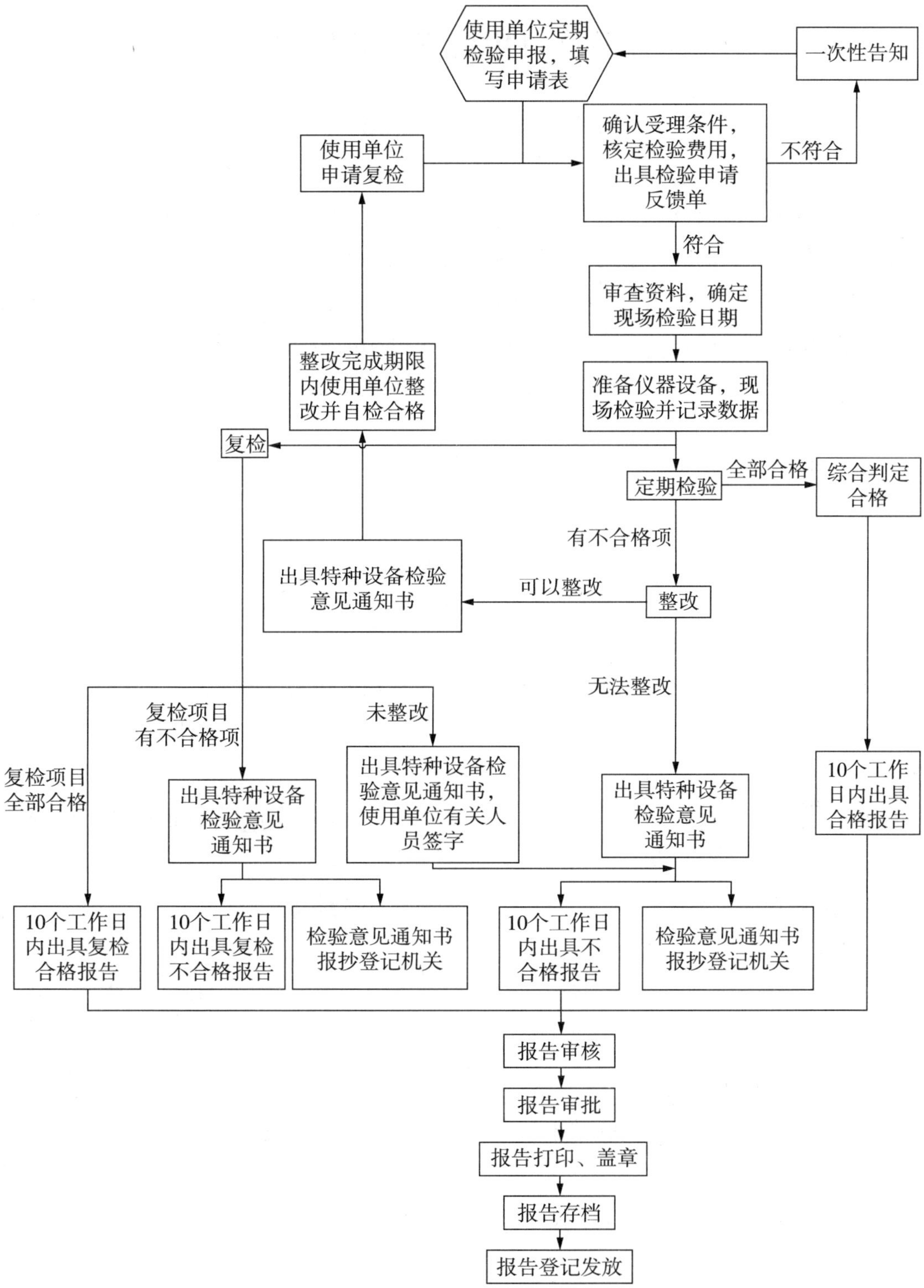

附录 17 行政许可申请受理通知书

行政许可申请受理通知书

××市监许字〔 〕第 号

____________________：

你（单位）申请的______________________行政许可事项，经审查，申请事项属于本机关职权范围，申请材料齐全，符合法定形式要求。

根据《中华人民共和国行政许可法》第三十二条第一款第（五）项规定，决定予以受理，并承诺在____个工作日内（法定办结时限为____个工作日）办结。请于_______年____月____日凭本通知书领取许可结果及办理相关手续。

受理机关已一次性告知我该申请事项的所有相关内容。

申办人签收（签字）： ××市场监督管理局（专用章）

联系电话： 联系电话：

年 月 日 年 月 日

本文书一式两联，第一联留本行政机关存档，第二联交申请人。

附录 18　行政许可申请不予受理通知书

行政许可申请不予受理通知书

××市监许退字〔　　〕第　　号

____________________：

我局于________年____月____日收到你（单位）提出的________________申请，经审查不符合《中华人民共和国特种设备安全法》________________之规定，依据《中华人民共和国行政许可法》第三十二条第一款第（二）项规定，决定不予受理。其理由是____。

如你对本决定不服，可以自收到本决定之日起三个月内依法提起行政复议或行政诉讼。

特此通知。

××市场监督管理局（专用章）

年　　月　　日

申请人：　　　　　联系电话：

本文书一式两联，第一联留本行政机关存档，第二联交申请人。

附录 19　行政许可申请材料收件清单

行政许可申请材料收件清单

<table>
<tr><th>序号</th><th>材料名称</th><th>数量</th><th>备注</th></tr>
<tr><td>1</td><td></td><td></td><td></td></tr>
<tr><td>2</td><td></td><td></td><td></td></tr>
<tr><td>3</td><td></td><td></td><td></td></tr>
<tr><td>4</td><td></td><td></td><td></td></tr>
<tr><td>5</td><td></td><td></td><td></td></tr>
<tr><td>6</td><td></td><td></td><td></td></tr>
<tr><td>7</td><td></td><td></td><td></td></tr>
<tr><td>8</td><td></td><td></td><td></td></tr>
<tr><td>9</td><td></td><td></td><td></td></tr>
<tr><td>10</td><td></td><td></td><td></td></tr>
<tr><td>11</td><td></td><td></td><td></td></tr>
<tr><td>12</td><td></td><td></td><td></td></tr>
<tr><td>13</td><td></td><td></td><td></td></tr>
<tr><td>14</td><td></td><td></td><td></td></tr>
<tr><td>15</td><td></td><td></td><td></td></tr>
<tr><td>行政许可申请人</td><td colspan="3">本人（单位）保证以上提交的申请材料真实，如有虚假，愿承担由此造成的法律后果。
申　请　人：
（盖章）
法定代表人：　　　　委托代理人：　　　　年　　月　　日</td></tr>
<tr><td>行政许可受理机关</td><td colspan="3">今收到以上材料，以上申请的材料如不齐全或者不符合法定形式，本机关将在 5 个工作日内告知你（单位）需要补正的全部内容。逾期不告知的，自收到申请材料之日起即为受理。
× × 市场监督管理局（专用章）
承办人：　　　　年　　月　　日</td></tr>
</table>

附录 20 行政许可一次性补正材料告知书

行政许可一次性补正材料告知书

××市监许补字〔 〕第 号

____（申请人名称）____：

你于______年___月___日向本机关提出办理________________的申请，经审查，根据有关规定，该项申请还需提供下列材料：

1.

2.

……

以上材料请及时补正。

特此告知。

联系人：

联系电话：

××市场监督管理局（专用章）

年 月 日

附录 21 特种设备生产许可申请书

特种设备生产许可申请书

申请单位：________________________________

申请项目：________________________________

申请类别：________________________________

申请日期：________________________________

行政区划：________________________________

国家市场监督管理总局制

申请单位基本情况

单位名称			
所在国	中国	所在省	
所在市（地）		所在区（县）	
住所			
制造地址			
统一社会信用代码		法定代表人	
所在地区代码		邮政编码	
电　　话			
传　　真			
电子邮箱			
联系人		联系人手机	
互联网网址			
所属行业		经济类型	
批准成立机关			
营业执照（事业单位法人）登记机构			
成立日期		开始工作日期	
固定资产（万元）		注册资金（万元）	
管理者代表		管理者代表职位	
质量保证负责人		总人数	
取得相关认证			
认证项目	认证机构	认证日期	认证有效期
申请代理机构			
机构名称			
机构地址、邮编			
统一社会信用代码		法定代表人	
代理负责人		传　　真	
电子邮箱			
电　　话			

申请许可项目

（新申请的产品在“新申请许可”栏内填写“√”；持证产品在“原有许可”栏内填写“○”）						
项目	子项目	参数、范围	代表产品（限制范围、典型产品）	原有许可	新申请许可	备注
申请人声明与签署						
在此，我声明：本单位的成立符合中华人民共和国的有关规定，没有对办理制造许可具有影响的法律诉讼等司法纠纷或者正在接受有关行政限制与处罚，没有涉及特种设备违法违规行为和涉嫌特种设备事故责任，正在接受调查处理的情况。现按照规定申请制造许可，并接受审查和产（样）品检测。在取得许可后，严格执行有关规定，保证产品质量，接受监督管理和产品监督检验。 申请单位法定代表人（签字）： 职务： 日期：						

近几年工作情况

年份	代表产品品种（型式）	产量（数量）	产值（万元）

申请单位资源

占地面积（m^2）		厂房面积（m^2）	
仓库面积（m^2）		办公场所面积（m^2）	
曝光室面积（m^2）		设计人员数量	
检查人员数量（人）		无损检测人员数量（人）	
焊接人员数量（人）		其他专业人员数量（人）	
设计能力（种）		年产值（万元）	
各部门人员组成			
部门		部门负责人	部门人员数量

管理、专业、作业人员情况

作业项目	姓名	身份证号码	学历	所学专业	职称	持证作业	
						类别（方法）	级别（项目）

主要生产设备状况

序号	设备名称	设备能力	设备数量
1			
2			
3			
4			
5			
6			
7			
8			
9			
10			
11			
12			
13			
14			
15			
16			
17			
18			
19			
20			
21			
22			
23			
24			
25			
26			
27			

主要检验与试验仪器设备状况

序号	仪器设备名称	仪器设备能力	仪器设备数量
1			
2			
3			
4			
5			
6			
7			
8			
9			
10			
11			
12			
13			
14			
15			
16			
17			
18			
19			
20			
21			
22			
23			
24			
25			
26			
27			
28			

自行校验仪器设备能力

序号	仪器设备名称	校验范围
1		
2		

分包、外协情况

类型	分包、外协项目	分包、外协单位名称	统一社会信用代码
申请单位质量保证负责人（签字）：			
日期：			

提交的文件资料

序号	文件资料名称	篇幅或页数
1	申请单位营业执照（无法在线核验时）	
2	申请书中的“申请许可项目”表，经申请单位法定代表人（主要负责人）签字并且加盖单位公章	
3	原许可证（仅申请增项、改变许可级别或者换证，并且无法在线核验时）	
4	公司法人书面授权文件（分公司单独申请的）	
5	……	
6		
7		
……		
备注		

附录 22　特种设备生产许可、检验检测机构核准办理流程图

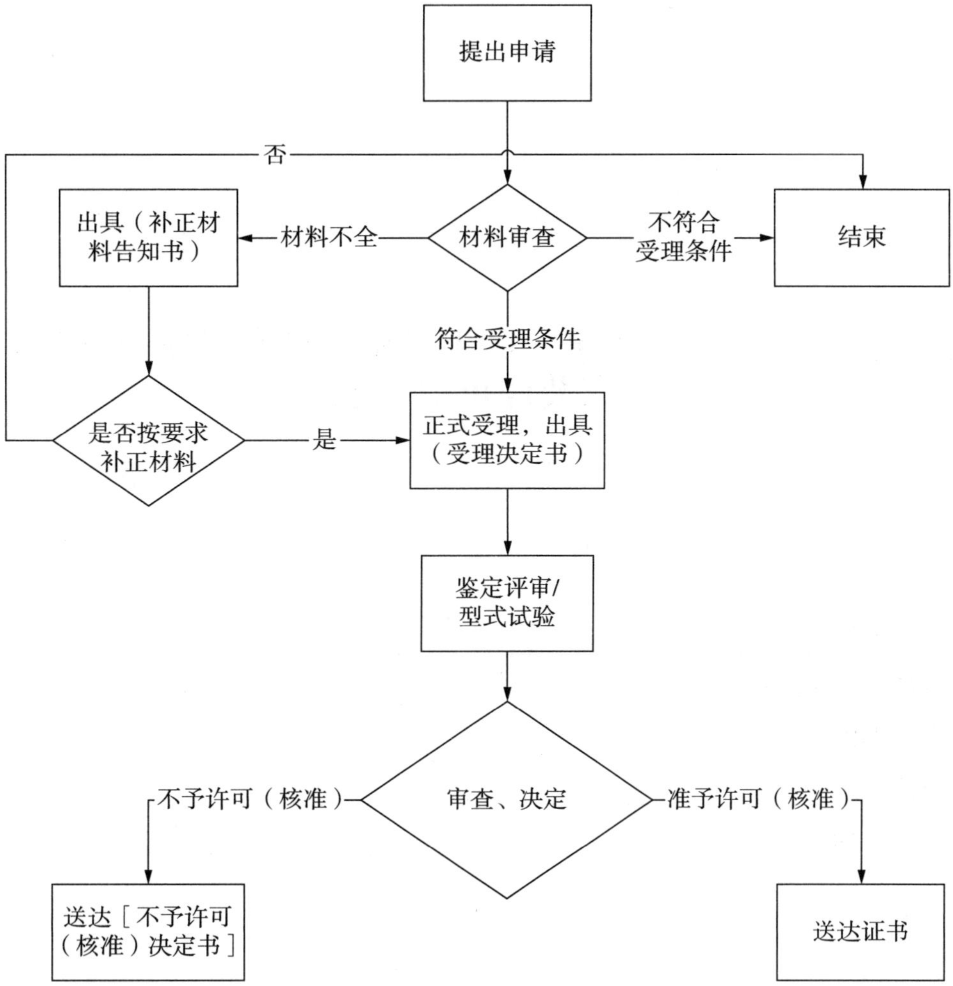

附录 23　气瓶（移动式压力容器）充装许可申请书

______________省（市、区）气瓶（移动式压力容器）充装许可申请书

申请单位：______________________________

设备类别（品种）：______________________________

介质类别：______________________________

申请类别：______________________________

申请日期：______________________________

______________省（市、区）市场监督管理局制

申请单位基本情况

<table>
<tr><td>单位名称</td><td colspan="3"></td></tr>
<tr><td>所在市</td><td></td><td>所在区（县）</td><td></td></tr>
<tr><td>注册地址</td><td colspan="3"></td></tr>
<tr><td>充装地址</td><td colspan="3"></td></tr>
<tr><td>营业执照注册号</td><td></td><td>组织机构代码</td><td></td></tr>
<tr><td>所属行业</td><td></td><td>经济类型</td><td></td></tr>
<tr><td>法定代表人（负责人）</td><td></td><td>成立日期</td><td></td></tr>
<tr><td>建设工程规划许可证号</td><td></td><td>消防验收意见书编号</td><td></td></tr>
<tr><td>联系电话</td><td></td><td>传真</td><td></td></tr>
<tr><td>电子邮箱</td><td></td><td>互联网网址</td><td></td></tr>
<tr><td>固定资产（万元）</td><td></td><td>注册资金（万元）</td><td></td></tr>
<tr><td>负责人（站长）</td><td></td><td>技术负责人</td><td></td></tr>
<tr><td>安全管理人</td><td></td><td>总人数 / 充装站人数</td><td></td></tr>
<tr><td>所属法人单位名称</td><td colspan="3"></td></tr>
<tr><td colspan="4">申请代理机构</td></tr>
<tr><td>机构名称</td><td colspan="3"></td></tr>
<tr><td>机构地址</td><td colspan="3"></td></tr>
<tr><td>组织机构代码</td><td></td><td>法定代表人</td><td></td></tr>
<tr><td>代理负责人</td><td></td><td>电话</td><td></td></tr>
<tr><td>传真</td><td></td><td>电子邮箱</td><td></td></tr>
</table>

注：应附相关证照复印件（原件交验）。

申请充装许可范围

［换证申请的，在“原有许可”栏内填写“√”；首次申请（包括未及时换证按首次申请）的，在“新申请许可”栏内填写“√”］

序号	设备类别或品种	介质类别	介质名称	原有许可	新申请许可	备注

申请单位声明

在此，我代表本单位郑重声明：本单位的成立符合中华人民共和国的有关规定，没有对办理气瓶（移动式压力容器）充装许可具有影响的法律诉讼等司法纠纷或者正在接受有关司法限制与处罚。现按照规定申请气瓶（移动式压力容器）充装许可，并接受审查。对所提交的全部申请材料的真实性负责。在取得许可后，将严格执行有关规定，保证充装质量和充装安全，接受监督管理。

申请单位法定代表人（负责人）（签字）： 日期： （申请单位公章）

注：应附法定代表人身份证复印件；非法定代表人办理的，还应附法定代表人授权书及代理人身份证复印件。换证申请的，应附原许可证复印件。

申请单位资源情况

<table>
<tr><td>占地面积（m^2）</td><td></td><td>储罐区面积（m^2）</td><td></td></tr>
<tr><td>检查人员数量（人）</td><td></td><td>充装人员数量（人）</td><td></td></tr>
<tr><td>专业技术人员数量（人）</td><td></td><td>安全管理人员数量（人）</td><td></td></tr>
<tr><td colspan="4">气瓶充装</td></tr>
<tr><td>介质总储存能力（m^3）</td><td></td><td>充装间总面积（m^2）</td><td></td></tr>
<tr><td>液化气体充装秤数量（台）</td><td></td><td>复检秤数量（台）</td><td></td></tr>
<tr><td>液化石油气充装流水线数量（条）</td><td></td><td>流水线充装秤数量（台）</td><td></td></tr>
<tr><td>永久气体防错装接头数量（支）</td><td></td><td>溶解乙炔充装接头数量（支）</td><td></td></tr>
<tr><td>登记的气瓶品种</td><td colspan="2">主要型号</td><td>数量</td></tr>
<tr><td></td><td colspan="2"></td><td></td></tr>
<tr><td></td><td colspan="2"></td><td></td></tr>
<tr><td></td><td colspan="2"></td><td></td></tr>
<tr><td></td><td colspan="2"></td><td></td></tr>
<tr><td></td><td colspan="2"></td><td></td></tr>
<tr><td></td><td colspan="2"></td><td></td></tr>
<tr><td></td><td colspan="2"></td><td></td></tr>
<tr><td>签约气瓶定期检验机构名称</td><td>许可证编号</td><td>许可项目</td><td>约检气瓶品种</td></tr>
<tr><td></td><td></td><td></td><td></td></tr>
<tr><td></td><td></td><td></td><td></td></tr>
<tr><td></td><td></td><td></td><td></td></tr>
<tr><td></td><td></td><td></td><td></td></tr>
<tr><td></td><td></td><td></td><td></td></tr>
<tr><td></td><td></td><td></td><td></td></tr>
<tr><td colspan="4">移动式压力容器充装</td></tr>
<tr><td>充装场地面积（m^2）</td><td></td><td>充装车位数量（台）</td><td></td></tr>
<tr><td>称量衡器数量（台）</td><td></td><td>称量衡器最大量程（t）</td><td></td></tr>
</table>

注：应附与签约气瓶定期检验机构的检验协议复印件（原件交验）和气瓶登记电子档案。

充装单位商标或品牌标识

管理、专业技术、作业人员情况

<table>
<tr><th rowspan="2">序号</th><th rowspan="2">姓名</th><th rowspan="2">岗位</th><th rowspan="2">身份证号码</th><th rowspan="2">年龄</th><th rowspan="2">所学专业
（学历）</th><th rowspan="2">职务 /
职称</th><th colspan="2">特种设备作业持证情况</th></tr>
<tr><th>项目类别
或代号</th><th>资格证书编号</th></tr>
<tr><td></td><td></td><td></td><td></td><td></td><td></td><td></td><td></td><td></td></tr>
<tr><td></td><td></td><td></td><td></td><td></td><td></td><td></td><td></td><td></td></tr>
<tr><td></td><td></td><td></td><td></td><td></td><td></td><td></td><td></td><td></td></tr>
</table>

注：应附相关人员特种设备作业人员证复印件（原件交验），证件聘用栏中应有有效的聘用记录。

主要储存、充装设备和分析、检（监）测仪器情况（适用于液化石油气充装）

序号	设备名称	型号及主要技术参数	单位	数量
1	卧罐（球罐）		台	
2	残液罐		台	
3	压缩机		台	
4	烃泵		台	
5	充装秤		台	
6	复检秤		台	
7	气瓶充装接头 / 加气机		个 / 台	
8	移动式压力容器充装装置		套	
9	压力管道		km	
10	紧急切断装置		套	
11	可燃气体浓度监测报警装置		套	
12	防超装报警装置		套	
13	充装计量装置		套	
14	质量流量计		台	
15	远程监控装置		套	
16	固定式电子衡		台	
17	真空泵		台	
18	介质分析检测仪器		台	
19	二甲醚检测仪器		台	

主要储存、充装设备和分析、检（监）测仪器情况（适用于压缩气体、低温液化气体充装）

序号	设备名称	型号及主要技术参数	单位	数量
1	低温液体储罐		台	
2	气化器		台	
3	压缩机		台	
4	低温液体泵		台	
5	称量衡器		台	
6	永久气体充装排 / 低温液化永久气体 气瓶充装接头		套 / 个	
7	压力管道		km	
8	长管拖车充装装置		套	
9	真空泵		台	
10	充装计量装置		套	
11	质量流量计		台	
12	远程监控装置		套	
13	固定式电子衡		台	
14	气体危险浓度监测报警装置		套	
15	介质分析检测仪器		台	

主要储存、充装设备和分析、检（监）测仪器情况［适用于液化气体（除液化石油气外）充装］

序号	设备名称	型号及主要技术参数	单位	数量
1	液化气体储罐		台	
2	压缩机		台	
3	充装泵		台	
4	充装秤		台	
5	复检秤		台	
6	气瓶充装接头		个	
7	压力管道		km	
8	紧急切断装置		套	
9	充装计量装置		套	
10	质量流量计		台	
11	远程监控装置		套	
12	固定式电子衡		台	
13	毒性或可燃性气体浓度监测报警装置		套	
14	介质分析检测仪器		台	

主要储存、充装设备和分析、检（监）测仪器情况（适用于溶解气体充装）

序号	设备名称	型号及主要技术参数	单位	数量
1	乙炔压缩机		台	
2	高压干燥器		台	
3	丙酮贮罐		台	
4	丙酮计量罐		台	
5	丙酮泵		台	
6	真空泵		台	
7	乙炔充装排		套	
8	称量衡器		台	
9	压力管道		km	
10	可燃气体浓度监测报警装置		套	
11	介质分析检测仪器		台	

本单位其他充装站或连锁经营单位情况

瓶装气体品牌	授权单位名称	充装地址	许可证编号	气瓶数量	气体储量
序号	被授权单位名称	充装地址	许可证编号	气瓶数量	气体储量
总计					
提交的文件资料					
序号	文件资料名称	篇幅或页数			
1					
2					
3					
4					
5					
6					
7					
8					
9					
10					

备注

附录 24　《特种设备检验检测机构核准申请书》封面

特种设备检验检测机构核准申请书

申请机构：____________________________

机构类型：____________________________

申请日期：____________________________

申请类别：____________________________

国家市场监督管理总局制

附录 25　申请核准项目

申请核准项目（模板）

序号	检验检测类型	检验检测项目	原有核准	新申请核准
1				
2				
3				
4				
5				
6				
7				
8				
9				
10				
11				
12				
13				
14				
15				
16				
申请人声明与签署				
在此，我声明本单位的成立符合中华人民共和国的有关规定，当前没有对办理特种设备检验检测核准具有影响的法律诉讼等司法纠纷或正在接受有关司法限制与处罚。现按照规定申请相关项目的检验检测核准，所填写的内容真实，并接受审查。在取得核准后，严格执行有关规定，保证检验检测质量，接受监督检查。 申请机构法定代表人：　　　　职务：　　　　日期：				

附录 26　营业执照

具有法人资格的市场监督管理部门（原工商行政管理部门）营业执照。因特殊情况不能进行网上申请的，应提交复印件，并加盖公章。

营业执照（模板）

营业执照

附录 27 特种设备检验检测机构核准申请书

特种设备检验检测机构核准申请书

申请机构：______________________________

机构类型：______________________________

申请日期：______________________________

申请类别：______________________________

国家市场监督管理总局制

申请机构基本情况

<table>
<tr><td colspan="2">机构名称</td><td colspan="3"></td></tr>
<tr><td colspan="2">所在国</td><td></td><td>所在省</td><td></td></tr>
<tr><td colspan="2">所在市（地）</td><td></td><td>所在区（县）</td><td></td></tr>
<tr><td colspan="2">机构地址</td><td colspan="3"></td></tr>
<tr><td colspan="2">统一社会信用代码</td><td></td><td>法定代表人</td><td></td></tr>
<tr><td colspan="2">邮政编码</td><td></td><td>电话</td><td></td></tr>
<tr><td colspan="2">传真</td><td></td><td>电子邮箱</td><td></td></tr>
<tr><td colspan="2">互联网网址</td><td></td><td>经济类型</td><td></td></tr>
<tr><td colspan="2">所属行业</td><td></td><td>批准成立机关</td><td></td></tr>
<tr><td colspan="2">级别</td><td></td><td>单位性质</td><td></td></tr>
<tr><td colspan="2">营业执照登记机关</td><td></td><td></td><td></td></tr>
<tr><td colspan="2">事业单位法人登记管理机关</td><td></td><td>事业单位法人证书编号</td><td></td></tr>
<tr><td colspan="2">成立日期</td><td></td><td>开始工作日期</td><td></td></tr>
<tr><td colspan="2">固定资产（万元）</td><td></td><td>检验检测（试验）设备价值（万元）</td><td></td></tr>
<tr><td colspan="2">总人员数量（人）</td><td></td><td>检验人员数量（人）</td><td></td></tr>
<tr><td colspan="2">无损检测人员数量（人）</td><td></td><td>试验人员数量（人）</td><td></td></tr>
<tr><td colspan="2">技术负责人</td><td></td><td>技术负责人职称</td><td></td></tr>
<tr><td rowspan="5">取得相关认证</td><td>认证项目</td><td>认证机构</td><td>认证日期</td><td>认证有效期</td></tr>
<tr><td></td><td></td><td></td><td></td></tr>
<tr><td></td><td></td><td></td><td></td></tr>
<tr><td></td><td></td><td></td><td></td></tr>
<tr><td></td><td></td><td></td><td></td></tr>
<tr><td colspan="5">申请代理机构</td></tr>
<tr><td colspan="2">机构名称</td><td></td><td></td><td></td></tr>
<tr><td colspan="2">机构地址</td><td></td><td></td><td></td></tr>
<tr><td colspan="2">统一社会信用代码</td><td></td><td>法定代表人</td><td></td></tr>
<tr><td colspan="2">代理负责人</td><td></td><td>电话</td><td></td></tr>
<tr><td colspan="2">电子邮箱</td><td></td><td>传真</td><td></td></tr>
</table>

申请核准项目

<table>
<tr><td>序号</td><td>检验检测类型</td><td>检验检测项目</td><td>原有核准</td><td>新申请核准</td></tr>
<tr><td>1</td><td></td><td></td><td></td><td></td></tr>
<tr><td>2</td><td></td><td></td><td></td><td></td></tr>
<tr><td>3</td><td></td><td></td><td></td><td></td></tr>
<tr><td>4</td><td></td><td></td><td></td><td></td></tr>
<tr><td>5</td><td></td><td></td><td></td><td></td></tr>
<tr><td>6</td><td></td><td></td><td></td><td></td></tr>
<tr><td>7</td><td></td><td></td><td></td><td></td></tr>
<tr><td>8</td><td></td><td></td><td></td><td></td></tr>
<tr><td>9</td><td></td><td></td><td></td><td></td></tr>
<tr><td>10</td><td></td><td></td><td></td><td></td></tr>
<tr><td>11</td><td></td><td></td><td></td><td></td></tr>
<tr><td>12</td><td></td><td></td><td></td><td></td></tr>
<tr><td>13</td><td></td><td></td><td></td><td></td></tr>
<tr><td>14</td><td></td><td></td><td></td><td></td></tr>
<tr><td>15</td><td></td><td></td><td></td><td></td></tr>
<tr><td>16</td><td></td><td></td><td></td><td></td></tr>
<tr><td>17</td><td></td><td></td><td></td><td></td></tr>
<tr><td colspan="5">申请人声明与签署</td></tr>
<tr><td colspan="5">在此，我声明本单位的成立符合中华人民共和国的有关规定，当前没有对办理特种设备检验检测核准具有影响的法律诉讼等司法纠纷或正在接受有关司法限制与处罚。现按照规定申请相关项目的检验检测核准，所填写的内容真实，并接受审查。在取得核准后，严格执行有关规定，保证检验检测质量，接受监督检查。

申请机构法定代表人：　　　　职务：　　　　日期：</td></tr>
</table>

机构主管部门意见

主管部门负责人（签字）： 单位（公章） 日期：
受理机关意见
负责人： 日期： （专用章） 受理编号：

检验检测情况

检验检测项目	年	年	年	年	合计
检验检测收入（万元）					

申请机构资源

办公	占地面积	m^2	检验检测试验	占地面积	m^2
	房屋面积	m^2		房屋面积	m^2

各部门人员组成

部门	部门负责人	部门人员数量

派出机构

名称	地址	总人数	负责人

持证检验检测人员情况

序号	姓名	身份证号码	学历	所学专业	职称	持证情况			
						类别（方法）	级别（项目）	证书编号	有效期至

主要检验检测与试验仪器装备情况

序号	设备名称	型号	规格	产地	数量	主要性能

提交的文件资料情况

序号	文件资料名称	页数
备注		

附录 28　特种设备检验检测人员资格申请表

特种设备检验检测人员资格申请表

申请编号：　　　　　　　　档案号：　　　　　　　　申请日期：

<table>
<tr><td>申请类别</td><td>□取证考试</td><td>□免试换证
□考试换证</td><td colspan="2">□取证补考
□换证补考</td><td rowspan="4">（近期、一寸、免冠、正面、白底彩色照片）</td></tr>
<tr><td>申请人姓名</td><td></td><td>性　　别</td><td colspan="2"></td></tr>
<tr><td>身份证件类型</td><td></td><td>证件编号</td><td colspan="2"></td></tr>
<tr><td>学　　历</td><td></td><td>专　　业</td><td colspan="2"></td></tr>
<tr><td>技术职称</td><td></td><td>工作年限</td><td>年</td><td>移动电话</td><td></td></tr>
<tr><td>电子邮箱</td><td colspan="3"></td><td>邮政编码</td><td></td></tr>
<tr><td>通信地址</td><td colspan="5">省　　市　　区（县）　街道（乡）　小区（村、路、巷）　楼　号</td></tr>
<tr><td colspan="6">申请项目与级别</td></tr>
<tr><td colspan="5">项　　目</td><td>级　别</td></tr>
<tr><td colspan="5">□ RT　□ RT（D）　□ UT　□ UT（AUTO）　□ TOFD　□ PA
□ MT　□ PT　□ AE　□ ECT　□ ECT（AUTO）　□ MFL（AUTO）</td><td>□Ⅲ □Ⅱ □ Ⅰ</td></tr>
</table>

<table>
<tr><td colspan="5">已持证项目与级别</td></tr>
<tr><td>序号</td><td>代号</td><td>级别</td><td>初次取证日期</td><td>证书有效期</td></tr>
<tr><td>1</td><td></td><td></td><td></td><td></td></tr>
<tr><td>2</td><td></td><td></td><td></td><td></td></tr>
<tr><td>3</td><td></td><td></td><td></td><td></td></tr>
<tr><td>4</td><td></td><td></td><td></td><td></td></tr>
<tr><td>5</td><td></td><td></td><td></td><td></td></tr>
<tr><td rowspan="4">自我承诺</td><td colspan="4">是否中断执业 6 个月以上（含 6 个月，仅在换证时填写）</td></tr>
<tr><td colspan="4">□未中断　　　　□中断</td></tr>
<tr><td colspan="4">执业期间是否发生过无损检测违规行为和责任事故（仅在换证时填写）</td></tr>
<tr><td colspan="4">□未发生过　　　　□发生过</td></tr>
<tr><td colspan="5">申请人声明</td></tr>
<tr><td colspan="5">本人声明以上填写信息及所提交的资料均合法、真实、有效，并承诺对填写的内容负责。

申请人（签字）：　　　　　　　　申请日期：</td></tr>
</table>

注 1：申请人在网上申请的，填报申请表后打印签字并扫描上传。

注 2：受理机关应当通过人员执业注册系统，对申请人是否中断执业 6 个月以上（含 6 个月）进行核查。

附录 29　特种设备无损检测人员资格认定办理流程

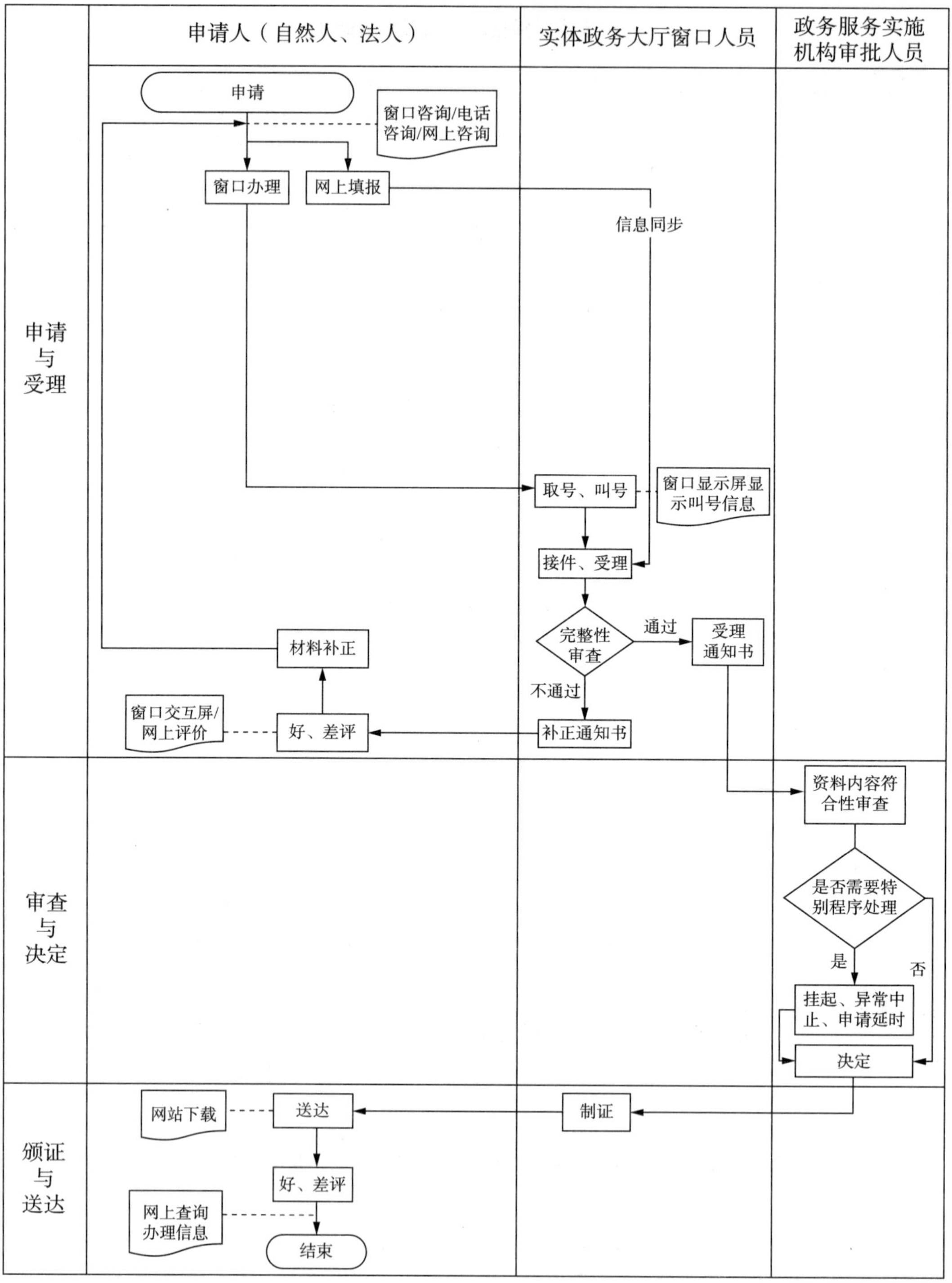

附录 30　特种设备作业人员考核申请表

特种设备作业人员考核申请表

<table>
<tr><td>姓　　名</td><td></td><td>性　　别</td><td></td><td rowspan="4">（近期 2 寸正面免冠白底彩色照片）</td></tr>
<tr><td>身份证件号</td><td></td><td>文化程度</td><td></td></tr>
<tr><td>工作单位</td><td colspan="3"></td></tr>
<tr><td>工作单位地址</td><td colspan="3"></td></tr>
<tr><td>通信地址</td><td colspan="4"></td></tr>
<tr><td>邮　　编</td><td></td><td>联系电话</td><td colspan="2"></td></tr>
<tr><td>申请作业项目</td><td></td><td>申请项目代号</td><td colspan="2"></td></tr>
<tr><td>工作简历</td><td colspan="4"></td></tr>
<tr><td>相关资料</td><td colspan="4">□身份证明（复印件 1 份）
□学历证明（毕业证复印件 1 份）
□体检报告（1 份，相应考试大纲有要求的）</td></tr>
<tr><td>用人单位意见</td><td colspan="4">（申请人在非户籍的工作所在地申请时需填写本栏）

用人单位（加盖公章）：　　　　　年　　月　　日</td></tr>
<tr><td colspan="5">本人声明，以上填写信息及所提交的资料均合法、真实、有效，并承诺对填写的内容负责。

申请人（签字）：　　　　　年　　月　　日</td></tr>
</table>

注：申请人在网上申请的，填报申请表后打印签字并扫描上传。

附录 31　特种设备作业人员复审申请表

特种设备作业人员复审申请表

<table>
<tr><td>姓　名</td><td></td><td>性　别</td><td colspan="2"></td><td rowspan="4">（近期 2 寸正面免冠白底彩色照片）</td></tr>
<tr><td>通信地址</td><td colspan="4"></td></tr>
<tr><td>文化程度</td><td></td><td>邮政编码</td><td colspan="2"></td></tr>
<tr><td>身份证件号</td><td></td><td>联系电话</td><td colspan="2"></td></tr>
<tr><td>复审作业项目</td><td></td><td>复审项目代号</td><td colspan="3"></td></tr>
<tr><td>证件编号</td><td></td><td>首次发证日期</td><td colspan="3"></td></tr>
<tr><td>用人单位</td><td colspan="5"></td></tr>
<tr><td>单位地址</td><td colspan="5"></td></tr>
<tr><td>单位联系人</td><td colspan="2"></td><td>联系电话</td><td colspan="2"></td></tr>
<tr><td>持证期间作业经历</td><td colspan="5"></td></tr>
<tr><td>复审资料</td><td colspan="5">□ 特种设备安全管理和作业人员证（原件）</td></tr>
<tr><td>自我承诺</td><td colspan="5">持证期间是否发生过违章作业行为和责任事故：
□未发生过　□发生过</td></tr>
<tr><td colspan="6">本人声明，以上填写信息及所提交的资料均合法、真实、有效，并承诺对填写的内容负责。</td></tr>
<tr><td colspan="3">申请人（签字）：</td><td colspan="3">日期：</td></tr>
</table>

注：申请人在网上申请的，填报申请表后打印签字并扫描上传。

附录 32 特种设备作业人员补（改）证申请表

特种设备作业人员补（改）证申请表

受理编号： 填表日期： 年 月 日

<table>
<tr><td>姓名</td><td></td><td>性别</td><td></td><td rowspan="4">照片</td></tr>
<tr><td>证书编号</td><td></td><td>资格项目</td><td></td></tr>
<tr><td>联系电话</td><td></td><td>有效期</td><td></td></tr>
<tr><td>工作单位</td><td colspan="3"></td></tr>
<tr><td rowspan="5">补（改）证原因</td><td colspan="4">□遗失 （□正、副本遗失；□正本遗失；□副本遗失）</td></tr>
<tr><td colspan="4">□姓名变更 （原姓名： 现姓名： ）</td></tr>
<tr><td colspan="4">□身份证变更 （原号码： 现号码： ）</td></tr>
<tr><td colspan="4">□资格项目变更 （变更后资格项目： ）</td></tr>
<tr><td colspan="4">□其他原因：</td></tr>
<tr><td colspan="4">身份证复印件</td><td>登报声明</td></tr>
<tr><td colspan="4" rowspan="3">（身份证复印件粘贴处）</td><td></td></tr>
<tr><td>报纸名称</td></tr>
<tr><td>见报日期</td></tr>
<tr><td>用人单位意见</td><td colspan="4">申请人系我单位员工，从事________________工作，上述信息及其遗失或损毁证件情况属实，请予以补办证件。
年 月 日
（盖单位公章）</td></tr>
<tr><td>受理意见</td><td colspan="4">经办人员： 年 月 日</td></tr>
<tr><td>初核意见</td><td colspan="4">年 月 日</td></tr>
<tr><td>审核意见</td><td colspan="4">年 月 日</td></tr>
<tr><td>领证签名</td><td colspan="2"></td><td>领证日期</td><td></td></tr>
</table>

附录 33 特种设备安装改造修理告知书

特种设备安装改造修理告知书

告知书编号： 日期：

<table>
<tr><td colspan="2">设备类别</td><td></td><td>施工类别</td><td></td></tr>
<tr><td colspan="2">施工地点</td><td></td><td>施工日期</td><td></td></tr>
<tr><td rowspan="4">使用单位</td><td>名 称</td><td></td><td>告知设备数量</td><td></td></tr>
<tr><td>地 址</td><td colspan="3"></td></tr>
<tr><td>联系人</td><td></td><td>固定电话及手机</td><td></td></tr>
<tr><td>邮政编码</td><td></td><td>传真</td><td></td></tr>
<tr><td rowspan="4">施工单位</td><td>名 称</td><td></td><td>邮政编码</td><td></td></tr>
<tr><td>地 址</td><td></td><td>传真</td><td></td></tr>
<tr><td>联系人</td><td></td><td>固定电话及手机</td><td></td></tr>
<tr><td>许可证号</td><td></td><td>许可证有效期</td><td></td></tr>
<tr><td>应提交资料</td><td colspan="4">1.《特种设备安装改造修理告知书》(原件 1 份)；
2. 施工单位的特种设备安装、改造、修理许可证复印件（加盖单位公章）；
3. 使用单位身份证明材料：使用单位的组织机构代码证复印件（加盖单位公章）；使用单位为个人的，国内户籍须提交个人身份证复印件，港澳台及外籍人士须提供有效身份证明材料复印件（本人签名）。</td></tr>
<tr><td colspan="2">本单位 / 本人已了解特种设备使用单位的各项法定义务，保证切实履行特种设备使用安全管理责任，并承担未落实使用安全管理责任的一切后果。

负责人：
使用单位：（盖章）
年 月 日</td><td colspan="2">本单位所告知的内容真实；在施工过程中，严格执行《特种设备安全监察条例》及相关规定，保证施工质量，接受监督管理和施工监督检验。

负责人：
施工单位：（盖章）
年 月 日</td><td>安全监察机构经办人签名：

安全监察机构：（盖章）
年 月 日</td></tr>
</table>

附录 34　特种设备安装改造修理告知书告知设备清单

特种设备安装改造修理告知书告知设备清单

申报编号：　　　　　设备种类：锅炉　　　　　　　业务类型：　　　　　　日期：

设备代码	型号	额定蒸发量 / 额定出力	额定工作压力 / 介质出口温度	制造单位名称	出厂编号	制造日期	设备安装地址

申报编号：　　　　　设备种类：容器　　　　　　　业务类型：　　　　　　日期：

设备代码	容器名称	工作压力	容积	壳程介质	管程介质	夹套介质	制造单位名称	出厂编号	制造日期	设备安装地址

申报编号：　　　　　设备种类：压力管道　　　　　业务类型：　　　　　　日期：

设备代码	管道名称	介质	长度 × 管径 × 壁厚	设计压力	管道起点	管道终点	管道编号	设计图号	设备安装地址

号：　　　　　设备种类：电梯　　　　　　　业务类型：　　　　　　日期：

设备代码	品种	型号	额定载荷 / 提升高度	运行速度 / 梯级宽度	层站数 / 倾角	制造单位名称	出厂编号	设备安装地址

申报编号：　　　　　设备种类：起重机械　　　　　业务类型：　　　　　　日期：

设备代码	品种	型号	载荷 / 适停车辆重量	提升力矩 / 存车容量	提升高度 / 层数	运行速度（起升 / 大车 / 小车）	制造单位名称	出厂编号	设备安装地址

申报编号：　　　设备种类：大型游乐设施　　　业务类型：　　　日期：

设备代码	品种	型号	线速度	高度	额定乘客人数	制造单位名称	出厂编号	设备安装地址

申报编号：　　　设备种类：客运索道　　　业务类型：　　　日期：

设备代码	品种	型号	运行速度	索道长度	输送能力	制造单位名称	出厂编号	设备安装地址

注：本表单需加盖施工单位及使用单位公章。

附录 35 特种设备开工告知办理流程

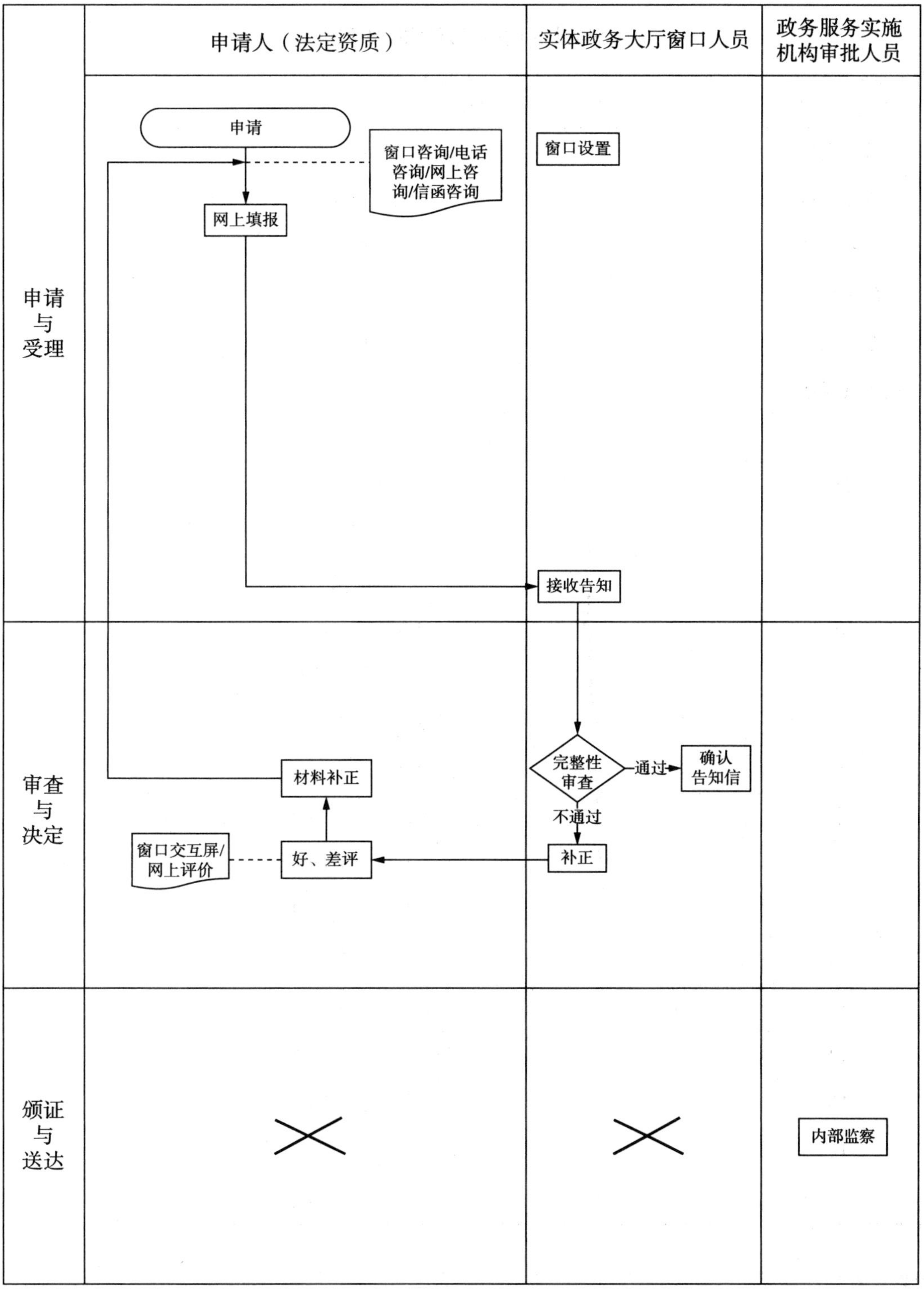

注：图中“ ”表示无此环节。

附录 36　特种设备业务办理资料接收回执

特种设备业务办理资料接收回执

申报编号：　　　　　　　　　　　　　设备种类：
业务类型：　　　　　　　　　　　　　回执号：

<table>
<tr><td>施工类别</td><td></td><td>申请人</td><td></td></tr>
<tr><td>建设单位</td><td></td><td>组织机构代码</td><td></td></tr>
<tr><td>联系电话</td><td></td><td>传真</td><td></td></tr>
<tr><td>施工单位</td><td></td><td>施工单位代码</td><td></td></tr>
<tr><td>联系电话</td><td></td><td>传真</td><td></td></tr>
<tr><td>施工现场地址</td><td colspan="3"></td></tr>
<tr><td colspan="4">收件清单</td></tr>
<tr><td>序号</td><td>文件、资料名称</td><td>性质</td><td>数量</td></tr>
<tr><td>1</td><td></td><td>□原件　□复印件</td><td></td></tr>
<tr><td>2</td><td></td><td>□原件　□复印件</td><td></td></tr>
<tr><td>3</td><td></td><td>□原件　□复印件</td><td></td></tr>
<tr><td>4</td><td></td><td>□原件　□复印件</td><td></td></tr>
<tr><td>5</td><td></td><td>□原件　□复印件</td><td></td></tr>
<tr><td>6</td><td></td><td>□原件　□复印件</td><td></td></tr>
<tr><td>7</td><td></td><td>□原件　□复印件</td><td></td></tr>
<tr><td>8</td><td></td><td>□原件　□复印件</td><td></td></tr>
<tr><td>9</td><td></td><td>□原件　□复印件</td><td></td></tr>
<tr><td>10</td><td></td><td>□原件　□复印件</td><td></td></tr>
<tr><td>11</td><td></td><td>□原件　□复印件</td><td></td></tr>
<tr><td>12</td><td></td><td>□原件　□复印件</td><td></td></tr>
<tr><td>13</td><td></td><td>□原件　□复印件</td><td></td></tr>
<tr><td>14</td><td></td><td>□原件　□复印件</td><td></td></tr>
<tr><td>15</td><td></td><td>□原件　□复印件</td><td></td></tr>
</table>

收件人（签名）：　　　　　　　　　　　　收件单位（盖章）：

年　　月　　日

附录 37　负责特种设备使用登记的登记机关

负责特种设备使用登记的登记机关

<table>
<tr><th colspan="2">设备名称</th><th>登记机关</th></tr>
<tr><td rowspan="2">锅炉</td><td>国家大型发电公司所属电站锅炉</td><td>省级市场监督管理部门</td></tr>
<tr><td>其他锅炉</td><td>直辖市或者设区的市级市场监督管理部门</td></tr>
<tr><td colspan="2">压力容器</td><td>直辖市或者设区的市级市场监督管理部门</td></tr>
<tr><td colspan="2">气瓶</td><td>直辖市或者设区的市级市场监督管理部门或授权的县级市场监督管理部门</td></tr>
<tr><td rowspan="3">压力管道</td><td>跨省、自治区、直辖市的长输管道</td><td>国家市场监督管理总局</td></tr>
<tr><td>不跨省、自治区、直辖市的长输管道</td><td>省级市场监督管理部门</td></tr>
<tr><td>公用管道、工业管道和动力管道</td><td>设区的市级市场监督管理部门</td></tr>
<tr><td rowspan="2">起重机械</td><td>起重机械（不含流动作业的起重机械）</td><td>直辖市或者设区的市级市场监督管理部门</td></tr>
<tr><td>流动作业的起重机械</td><td>产权所在地的设区的市级市场监督管理部门</td></tr>
<tr><td colspan="2">电梯、客运索道、大型游乐设施、场（厂）内专用机动车辆</td><td>直辖市或者设区的市级市场监督管理部门</td></tr>
</table>

注：登记机关负责本行政区内域内的特种设备登记工作。

附录 38　特种设备使用登记表（按单位办理）

特种设备使用登记表（按单位办理）

登记类别：□新办证　□重新启用　□达到设计使用年限继续使用　□气瓶品种变更　□过户
□更名（含单位地址变更）□补证

<table>
<tr><td rowspan="2">设备基本情况</td><td>设备类别</td><td></td><td>设备品种</td><td></td></tr>
<tr><td>产品名称</td><td></td><td>设备数量</td><td></td></tr>
<tr><td rowspan="5">设备使用情况</td><td>使用单位名称</td><td colspan="3"></td></tr>
<tr><td>使用单位地址</td><td colspan="3"></td></tr>
<tr><td>设备使用地点</td><td colspan="3"></td></tr>
<tr><td>使用单位统一社会信用代码</td><td></td><td>单位固定电话</td><td></td></tr>
<tr><td>安全管理员</td><td></td><td>移动电话</td><td></td></tr>
<tr><td colspan="5">在此申明：所申报的内容真实；在使用过程中，将严格执行《中华人民共和国特种设备安全法》及相关规定，并且接受特种设备安全监督管理部门的监督管理。

附件：1. ×× 设备基本信息汇总表
2. 重新启用、达到设计使用年限继续使用、气瓶品种变更、过户、更名（含单位地址变更）、补证等有关情况说明（加盖使用单位公章）。

使用单位填表人员：　　日期：　　年　月　日
（使用单位公章）
使用单位安全管理人员：　　日期：　　年　月　日</td></tr>
<tr><td colspan="5">说明：

登记机关登记人员：
（登记机关专用章）
使用登记证编号：　　日期：　　年　月　日</td></tr>
</table>

注：本式样适用于按使用单位登记的特种设备。

附录 39 压力管道基本信息汇总表——工业管道

压力管道基本信息汇总表——工业管道

使用单位（加盖使用单位公章）：　　　　使用单位地址：　　市　　区　　街道　　路　　号　厂房内

工程（装置）名称：　　　　安全管理部门：　　　　安全管理员：

序号	管道名称（登记单元）	管道编号	管道级别	设计单位	安装单位	安装年月	投用年月	管道规格			设计／工作条件			检验结论	检验机构名称	下次检验日期	备注
								公称直径 mm	公称壁厚 mm	管道长度 m	压力 MPa	温度 ℃	介质				
1																	
2																	
3																	
4																	
5																	
6																	
7																	
8																	
9																	
10																	

共　页　第　页

填表日期：　　　　经办人：　　　　联系电话：　　　　电子邮箱：

附录 40　气瓶基本信息汇总表

气瓶基本信息汇总表

使用单位：（加盖使用单位公章）　　　　共　　页　第　　页

序号	设备品种	产品编号	充装介质	制造单位	制造年月	公称工作压力 MPa	容积 L	最近一次检验日期	下次检验日期	单位内部编号	变更或者停用情况	信息化管理情况
1												
2												
3												
4												
5												
6												
7												
8												
9												
10												
11												
12												

填表日期：　　　　经办人：　　　　联系电话：　　　　电子邮箱：

注：设备品种，是指无缝气瓶、焊接气瓶、内装填料气瓶、纤维缠绕气瓶、低温绝热气瓶；变更或者停用情况，是指新增、停用、注销、报废；信息化管理情况，是指企业采用二维码、电子标签等信息化方式对气瓶进行管理，已采用的填写具体信息化方法，未采用的填“无”。

附录 41　特种设备使用登记办理流程图

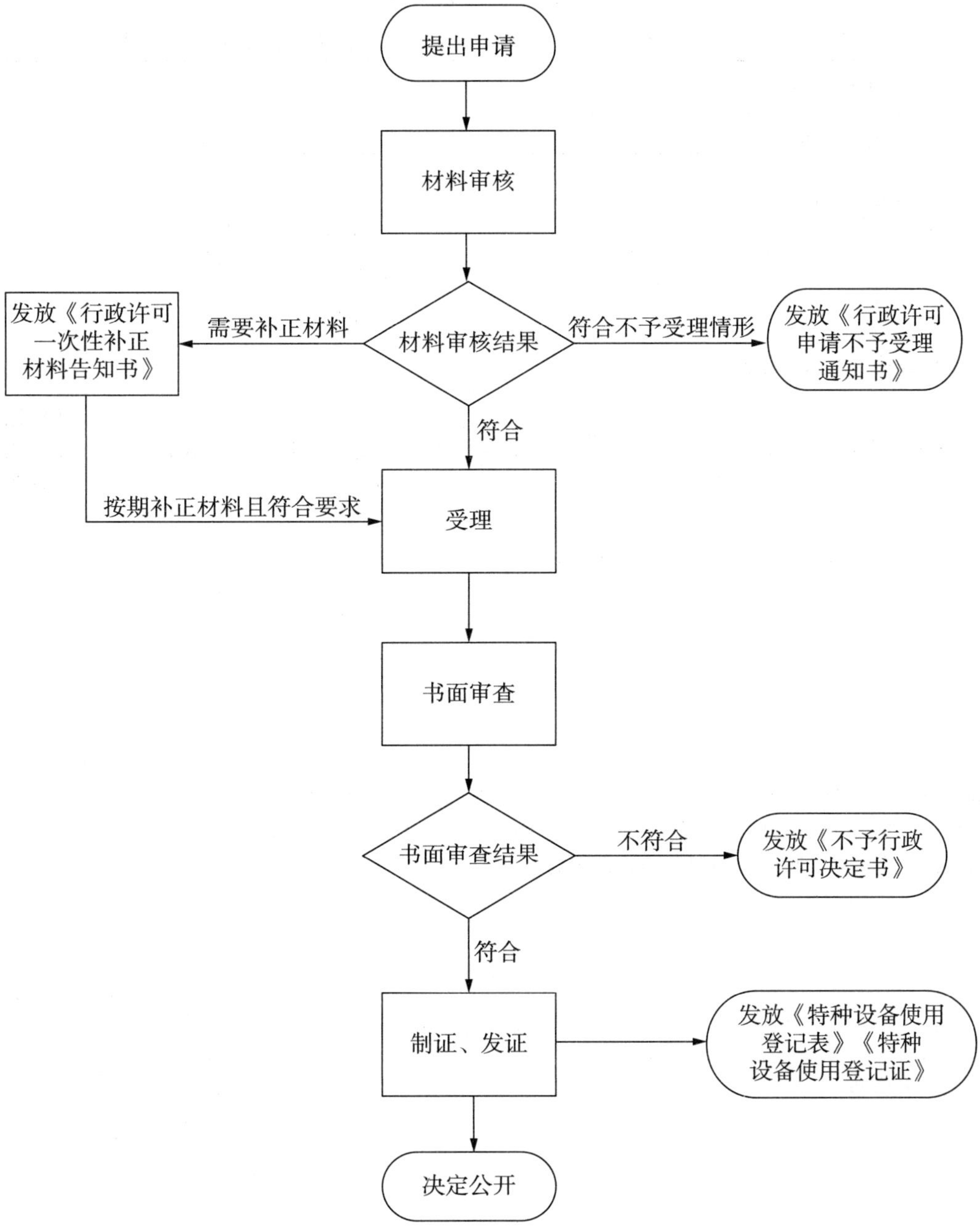

附录 42　特种设备停用报废注销登记表

特种设备停用报废注销登记表

申报种类：□停用　□报废　□注销　　共　台

<table>
<tr><td colspan="2">使用单位名称</td><td colspan="5"></td></tr>
<tr><td colspan="2">使用单位地址</td><td colspan="5">________市______区______路___号</td></tr>
<tr><td colspan="2">安全管理员</td><td colspan="2"></td><td colspan="2">安全管理员
联系电话</td><td></td></tr>
<tr><td colspan="2">产权单位</td><td colspan="2"></td><td colspan="2">产权单位
联系电话</td><td></td></tr>
<tr><td colspan="7">附：设备基本信息汇总表</td></tr>
<tr><td>序号</td><td>设备品种（名称）</td><td>使用登记证编号</td><td>设备代码</td><td>设备使用地点</td><td>出厂编号</td><td>停用报废注销原因</td></tr>
<tr><td></td><td></td><td></td><td></td><td></td><td></td><td rowspan="5"></td></tr>
<tr><td></td><td></td><td></td><td></td><td></td><td></td></tr>
<tr><td></td><td></td><td></td><td></td><td></td><td></td></tr>
<tr><td></td><td></td><td></td><td></td><td></td><td></td></tr>
<tr><td></td><td></td><td></td><td></td><td></td><td></td></tr>
<tr><td colspan="4">使用单位意见：我（单位）申明：上述设备具有TSG 08—2017《特种设备使用管理规则》2.5中（3）、（4）规定的技术资料，现申请办理使用登记变更。
（使用单位公章）
年　月　日</td><td colspan="3">产权单位意见：
（产权单位公章）
年　月　日</td></tr>
<tr><td colspan="7">登记机关意见：
（登记机关专用章）
登记机关登记人员：　　年　月　日</td></tr>
</table>

附录 43　特种设备使用登记表（按台 / 套办理）

特种设备使用登记表（按台/套办理）

登记类别：□新办证　□重新启用　□达到设计使用年限继续使用　□过户
□更名（含单位地址变更）　□补证

<table>
<tr><td rowspan="6">设备基本情况</td><td>设备种类</td><td></td><td>设备类别</td><td></td></tr>
<tr><td>设备品种</td><td></td><td>产品名称</td><td></td></tr>
<tr><td>设备代码</td><td></td><td>型号（规格）</td><td></td></tr>
<tr><td>设计使用年限</td><td></td><td>设计单位名称</td><td></td></tr>
<tr><td>制造单位名称</td><td></td><td>施工单位名称</td><td></td></tr>
<tr><td>监督检验机构名称</td><td></td><td>型式试验机构名称</td><td></td></tr>
<tr><td rowspan="9">设备使用情况</td><td>使用单位名称</td><td colspan="3"></td></tr>
<tr><td>使用单位地址</td><td colspan="3"></td></tr>
<tr><td>设备使用地点</td><td colspan="3"></td></tr>
<tr><td>使用单位
统一社会信用代码</td><td></td><td>设备内部编号</td><td></td></tr>
<tr><td>投入使用日期</td><td>年　月　日</td><td>单位固定电话</td><td></td></tr>
<tr><td>安全管理员</td><td></td><td>移动电话</td><td></td></tr>
<tr><td>产权单位名称</td><td colspan="3"></td></tr>
<tr><td>产权单位
统一社会信用代码</td><td></td><td>联系电话</td><td></td></tr>
<tr><td rowspan="4">设备检验情况</td><td>检验机构名称</td><td colspan="3"></td></tr>
<tr><td>检验类别</td><td></td><td>检验报告编号</td><td></td></tr>
<tr><td>检验日期</td><td></td><td>检验结论</td><td></td></tr>
<tr><td>下次检验日期</td><td colspan="3"></td></tr>
<tr><td colspan="5">在此申明：所申报的内容真实；在使用过程中，将严格执行《中华人民共和国特种设备安全法》及相关规定，并且接受特种设备安全监督管理部门的监督管理。
使用单位填表人员：
（使用单位公章 / 个人签字 + 指印）
使用单位安全管理人员：
年　月　日</td></tr>
<tr><td colspan="5">说明：
登记机关登记人员：
（登记机关专用章）
使用登记证编号：
年　月　日</td></tr>
</table>

附录 44 特种设备安全监察指令书

______市场监督管理局
特种设备安全监察指令书

（　　）市场监督管理特令〔　　　　　　　〕第（　　　　　　　　　　　　）号

______________________：

经检查，你单位在特种设备安全方面存在下列问题：

____

上述问题违反了《中华人民共和国特种设备安全法》____________的规定，根据《中华人民共和国特种设备安全法》________________的规定，责令你单位于______年____月____日前采取以下措施予以改正或者消除事故隐患：

____

如对本指令书不服，可在接到指令书之日起 60 日内向 ×× 人民政府或 ×× 市市场监督管理局申请行政复议，或者于 6 个月内向人民法院提出行政诉讼。复议或起诉期间，不得停止改正或者停止消除事故隐患。

特种设备安全监察员：________________

____

被　检　查　单　位：________________

（印章）

年　　月　　日

本文书一式两份，一份留本行政机关存档，一份交被检查单位。

附录 45　特种设备现场安全监督检查记录

________市场监督管理局特种设备现场安全监督检查记录

<table>
<tr><td>检查类别</td><td colspan="5">□日常监督检查　□专项监督检查</td></tr>
<tr><td>检查日期</td><td colspan="5">年　月　日　时　分至　月　日　时　分</td></tr>
<tr><td rowspan="4">被检查单位情况</td><td colspan="3">名称：</td><td colspan="2">法定代表人：</td></tr>
<tr><td colspan="5">地址：　市　区　路　号</td></tr>
<tr><td>联系人：</td><td colspan="2">职务：</td><td colspan="2">联系电话：</td></tr>
<tr><td colspan="5">类别：□设计　□制造　□安装　□改造　□维修　√使用　□气瓶充装　□经营
□其他</td></tr>
<tr><td colspan="2">抽查设备名称</td><td></td><td></td><td></td><td></td></tr>
<tr><td colspan="2">使用登记代码（产品编号）</td><td></td><td></td><td></td><td></td></tr>
<tr><td colspan="6">安全监督检查中发现的主要问题（可另附续页）</td></tr>
<tr><td colspan="6"></td></tr>
<tr><td colspan="6">处理措施（指令书主要内容）：□下达监察指令书　□实施查封　□实施扣押　□其他</td></tr>
<tr><td colspan="6">被检查单位对检查记录的意见：以上情况属实。
签名：
日期：　年　月　日</td></tr>
<tr><td colspan="6">检查人员：　记录员：　日期：　年　月　日</td></tr>
</table>

注：本文书一式两份，一份留本行政机关存档，一份交被检查单位。

附录 46　现场笔录

______市场监督管理局
现场笔录

时间：________年____月____日____时____分至________年____月____日____时____分

地点：____

检查人员：________________执法证件号码：________________

检查人员：________________执法证件号码：________________

当事人：____

主体资格证照名称：______________________________________

统一社会信用代码（注册号）：____________________________

住所（住址）：____

法定代表人（负责人、经营者）：__________________________

身份证号码：____________________联系电话：______________

联系地址：____

通知当事人到场情况：____________________________________

____

____

检查人员：我们是________________________________的执法人员，依法就________________________________进行现场检查，请予配合。现向你出示我们的执法证件，你是否看清楚？

当事人：____

检查人员：你有权进行陈述和申辩。你应当如实回答询问，并协助调查或者检查，不得阻挠。你认为检查人员与你（单位）有直接利害关系的，依法有申请回避的权利。你是否申请检查人员回避?

当事人：____

____

当事人（签名或者盖章）：________________________　年　月　日

见证人（签名或者盖章）：________________________　年　月　日

检查人员：________________、________________　年　月　日

第　　页 共　　页

现场情况：

当事人（签名或者盖章）：　　年　月　日

见证人（签名或者盖章）：　　年　月　日

检查人员：　　年　月　日

第　页共　页

附录 47　行政处罚案件有关事项审批表

________市场监督管理局行政处罚案件有关事项审批表

案件名称	
审批事项	
提请审批的理由及依据及处理意见	经办人： 年　　月　　日
经办机构负责人意见	法制员： 年　　月　　日 经办机构负责人： 年　　月　　日
法制机构负责人意见	法制机构负责人： 年　　月　　日
部门负责人意见	部门负责人： 年　　月　　日
备注	

附录 48　实施行政强制措施决定书

______市场监督管理局
实施行政强制措施决定书

______市监强制〔____〕____号

当事人：____

主体资格证照名称：________________________________

统一社会信用代码：________________________________

住所（住址）：____________________________________

法定代表人（负责人、经营者）：____________________

身份证件号码：____________________________________

联系电话：________________ 其他联系方式：______________

经查，你（单位）涉嫌________________________，本局依据________________________________的规定，决定对有关场所/设施/财物［详见《场所/设施/财物清单》（文件编号：____________）］实施________________行政强制措施。

实施行政强制措施的期限为____日。对情况复杂，需要延长强制措施期限的，本局将书面告知。对物品需要进行检测、检验、检疫或者技术鉴定的，查封、扣押的期限不包括检测、检验、检疫或者技术鉴定的期限，检测、检验、检疫或者技术鉴定的期限本局将书面告知。

查封 / 扣押的场所 / 设施 / 财物应当妥善保管，不得使用或者损毁。

你（单位）可以对本行政强制措施决定进行陈述和申辩。如对本行政强制措施决定不服，可以在收到本决定之日起六十日内向__________人民政府或______市场监督管理局申请复议；也可以在六个月内依法向人民法院提起诉讼。

联系人：________________联系电话：____________________

联系地址：____

附件：《场所/设施/财物清单》（文件编号：________）

______市场监督管理局

（印章）

年　　月　　日

本文书一式____份。一份送达，一份归档，__________。

附录 49　场所 / 设施 / 财物清单

______市场监督管理局场所/设施/财物清单

文书编号：__________________

序号	标称名称 / 场所	规格（型号）/ 场所地址	单位	数量	备注

当事人：________________________________ 年　月　日

执法人员：______________________________ 年　月　日

_____________________________________ 年　月　日

见证人：________________________________ 年　月　日

第　　页 共　　页

本文书一式____份。一份送达，一份归档，____________。

附录 50　实施行政强制措施场所 / 设施 / 财物委托保管书

______市场监督管理局
实施行政强制措施场所/设施/财物
委托保管书

______市监托管〔____〕____号

____________________：

现委托你（单位）代为保管本局依法实施行政强制措施的有关场所/设施/财物［详见《场所/设施/财物清单》（文书编号：____________号）］。

保管条件：____

保管地点：____

保管期限为________年____月____日至________年____月____日（或至本局通知时止）。在保管期间，你（单位）不得损毁或者擅自转移、处置。

联系人：______________________联系电话：______________________

联系地址：____

附件：《场所/设施/财物清单》（文书编号：____________号）

______市场监督管理局

（印章）

年　　月　　日

本文书一式____份。一份送达，一份归档，____________。

附录 51　封条

××市场监督管理局　　封

××××年××月××日

（印章）

被查封单位代表（个人）签字：×××

执法人员签字：×××　×××

注：大封条：长 75cm，宽 11cm；小封条：长 30cm，宽 7cm。

附录 52　解除行政强制措施决定书

______市场监督管理局
解除行政强制措施决定书

______市监解强〔____〕____号

____________________：

本局于________年____月____日出具《实施行政强制措施决定书》（______市监强制〔____〕____号），对你（单位）有关场所 / 设施 / 财物采取______________行政强制措施 [并于________年____月____日出具《延长行政强制措施期限决定书》（____市监延强〔____〕____号），将行政强制措施期限延长至________年____月____日]。依据______________________________的规定，本局决定自________年____月____日起对全部 / 部分物品 [详见《场所 / 设施 / 财物清单》（文书编号：________________）] 予以解除行政强制措施。

联系人：____________________________联系电话：__________________________

联系地址：____

附件：《场所 / 设施 / 财物清单》（文书编号：________________）

________市场监督管理局

（印章）

年　　月　　日

本文书一式____份。一份送达，一份归档，____________。

附录 53 案件来源登记表

______市场监督管理局案件来源登记表

登记号：

<table>
<tr><td colspan="2">来源分类</td><td colspan="5">□监督检查　□投诉、举报
□其他部门移送　□上级交办　□其他______</td></tr>
<tr><td colspan="2">发现线索 / 收到材料时间</td><td colspan="5">年　月　日</td></tr>
<tr><td rowspan="10">案源提供人</td><td rowspan="2">监督检查人</td><td colspan="2">姓名</td><td></td><td>所属单位</td><td></td></tr>
<tr><td colspan="2">姓名</td><td></td><td>所属单位</td><td></td></tr>
<tr><td rowspan="5">投诉、举报人</td><td rowspan="2">单位</td><td>名称</td><td colspan="3"></td></tr>
<tr><td colspan="2">法定代表人（负责人）</td><td colspan="2"></td></tr>
<tr><td>个人</td><td>姓名</td><td></td><td>身份证件号码</td><td></td></tr>
<tr><td colspan="2">联系电话</td><td></td><td>其他联系方式</td><td></td></tr>
<tr><td colspan="2">联系地址</td><td colspan="3"></td></tr>
<tr><td rowspan="3">移送、交办部门</td><td colspan="2">名称</td><td colspan="3"></td></tr>
<tr><td colspan="2">联系人</td><td></td><td>联系电话</td><td></td></tr>
<tr><td colspan="2">联系地址</td><td colspan="3"></td></tr>
<tr><td rowspan="3">当事人</td><td>名称（姓名）</td><td colspan="5"></td></tr>
<tr><td>住所（住址）</td><td colspan="5"></td></tr>
<tr><td>联系电话</td><td colspan="5"></td></tr>
<tr><td>案源内容</td><td colspan="6">登记人：
年　月　日</td></tr>
<tr><td>案源处理意见</td><td colspan="6">办案机构负责人：
年　月　日</td></tr>
<tr><td>备注</td><td colspan="6"></td></tr>
</table>

附录 54　立案 / 不予立案审批表

______市场监督管理局立案/不予立案审批表

<table>
<tr><td rowspan="6">当事人</td><td rowspan="3">单位</td><td>名称</td><td colspan="3"></td></tr>
<tr><td>统一社会信用代码</td><td colspan="3"></td></tr>
<tr><td>法定代表人（负责人）</td><td colspan="3"></td></tr>
<tr><td rowspan="2">个体工商户 / 个人</td><td>字号名称</td><td></td><td>统一社会信用代码</td><td></td></tr>
<tr><td>姓名</td><td></td><td>身份证件号码</td><td></td></tr>
<tr><td>住所（住址）</td><td colspan="4"></td></tr>
<tr><td colspan="2">案由</td><td colspan="4"></td></tr>
<tr><td colspan="2">发现线索 / 收到材料时间</td><td colspan="4"></td></tr>
<tr><td colspan="2">核查情况及
立案 / 不予立案理由</td><td colspan="4">核查人员：
年　　月　　日</td></tr>
<tr><td colspan="2">办案机构负责人意见</td><td colspan="4">办案机构负责人：
年　　月　　日</td></tr>
<tr><td colspan="2">部门负责人意见</td><td colspan="4">部门负责人：
年　　月　　日</td></tr>
<tr><td colspan="2">备　注</td><td colspan="4"></td></tr>
</table>

附录 55 举报投诉及函件处理登记表

举报投诉及函件处理登记表

<table>
<tr><td>举报投诉及来函人</td><td></td><td>举报投诉方式</td><td>□电话 □信件</td></tr>
<tr><td>地址或单位</td><td></td><td>联系电话</td><td></td></tr>
<tr><td>登记人</td><td></td><td>联系电话</td><td></td></tr>
<tr><td colspan="4">举报投诉内容：

年 月 日</td></tr>
<tr><td colspan="4">处理结果：

责任部门（人）：

年 月 日</td></tr>
</table>

附录 56　约谈通知书

______市场监督管理局
约谈通知书

______市监____字〔____〕____号

____________________：

为调查了解____

____

___________，请于________年____月____日__时__分到______________接受约谈。依据《中华人民共和国行政处罚法》第三十七条第一款的规定，你（单位）有如实回答询问、协助调查的义务。

请携带以下材料：

1.

2.

3.

你（单位）委托其他人员接受约谈的，委托代理人应同时提供授权委托书及委托代理人身份证明。

办案人员：______________、______________

联系电话：______________________________

（印章）

________年____月____日

本文书一式____份，____份送达当事人，一份归档，___________。

附录 57 约谈记录

约谈记录

编号：

承办部门：____

约谈日期：__________年____月____日____时____分至____时____分

地点：____

主持人：________记录人：________参加人员：________被约谈单位：__________

参加约谈人员：____

约谈事由：____

约谈内容和处理意见：____

____

____

____

____

____

____

____

____

____

____

____

____

____

约谈人员（签字）：____

被约谈单位代表（签字或盖章）：________________________________

________年____月____日

本文书一式____份，____份送达，一份归档，__________。

附录 58　案件调查终结报告

______市场监督管理局
案件调查终结报告

因当事人因涉嫌____

________________________，本局于______年____月____日予以立案调查，指定__________、__________为办案人员。现已调查终结，报告如下。

当事人基本情况：____

____

____

案件来源、调查经过及采取行政强制措施的情况：____________________________

____

____

调查认定的事实：____

____

____

上述事实，主要有以下证据证明：

1.______________________，证明____

2.______________________，证明____

3.______________________，证明____

案件性质：____

____

____

自由裁量理由等其他需要说明的事项：______________________________________

____

处理意见及依据：____

____

____

办案人员：__________________年____月____日

__________________年____月____日

办案机构负责人：__________________年____月____日

附录 59 行政处罚告知书

______市场监督管理局
行政处罚告知书

______市监罚告〔____〕____号

____________________：

由本局立案调查的你（单位）涉嫌____________________________________一案，已调查终结。依据《中华人民共和国行政处罚法》第四十四条规定，现将本局拟做出行政处罚的内容及事实、理由、依据告知如下：

____

____

____

____

____

□依据《中华人民共和国行政处罚法》第四十四条、第四十五条以及《市场监督管理行政处罚程序规定》第五十七条的规定，你（单位）有权进行陈述、申辩。自收到本告知书之日起，五个工作日内未行使陈述、申辩的，视为放弃此权利。

□依据《中华人民共和国行政处罚法》第四十四条、第四十五条、第六十三条、第六十四条第一项，以及《市场监督管理行政处罚听证办法》第五条 / ______________的规定，你（单位）有权进行陈述、申辩，并可要求举行听证。自收到本告知书之日起五个工作日内未行使陈述、申辩权，未要求举行听证的，视为放弃此权利。

联系人：____________________________联系电话：___________________________

联系地址：____

________市场监督管理局

年　　月　　日

本文书一式____份，____份送达，一份归档，____________。

附录 60　行政处罚决定书

______市场监督管理局
行政处罚决定书

______市监处罚〔____〕____号

当事人：______________________________

主体资格证照名称：______________________________

统一社会信用代码（注册号）：______________________________

住所（住址）：______________________________

法定代表人（负责人、经营者）：______________________________

身份证（其他有效证件）号码：______________________________

（案件来源及调查经过）______________________________

____

____

____

经查，（案件事实）______________________________

____

____

____

上述事实，主要有以下证据证明：______________________________

____

____

____

（行政处罚告知情况，当事人陈述、申辩、听证意见，复核以及采纳情况和理由）

____

____

____

本局认为，（违法行为性质及定性、处罚依据，自由裁量的事实和理由）

____

____

____

综上，当事人上述行为违反了________________________________，依据____，（现责令当事人改正上述违法行为。并）决定处罚如下：

1.____

2.____

3.____

（行政处罚的履行方式和期限）____

____

____

（救济途径和期限）____

____

____

____

________市场监督管理局

年　　月　　日

（市场监督管理部门将依法向社会公开行政处罚决定信息）

本文书一式____份，____份送达，一份归档，____________。

附录 61　行政处理决定审批表

______市场监督管理局
行政处理决定审批表

案件名称	
立案时间	年　月　日
行政处理决定建议类别	□给予行政处罚　□有违法行为，依法不予行政处罚 □违法事实不能成立，不予行政处罚　□移送其他行政管理部门 □移送司法机关　□其他
是否经过复核（听证）程序	□当事人未提出陈述、申辩意见或者未申请听证 □案件经复核或者听证
建议做出行政处理决定的内容、主要事实、理由、依据	办案人员：__________、_________ 年　月　日
当事人陈述、申辩或者听证中提出的主要意见	
复核意见或者听证意见	
办案机构负责人意见	法制员： 年　月　日 办案机构负责人： 年　月　日
核审机构（案审办）负责人意见	审核机构负责人： 年　月　日
部门负责人意见	部门负责人： 年　月　日
备注	

附录 62　行政处罚听证通知书

______市场监督管理局
行政处罚听证通知书

______市监听通〔____〕____号

____________________：

根据你（单位）的要求，本局决定于______年___月___日___时___分在____对你（单位）涉嫌____一案公开/不公开举行听证，请准时出席。如无正当理由不到场听证的，本局将依法终止听证。

本次听证会由________担任听证主持人，（______担任听证员）________担任记录员，（________担任翻译人员）。依据《中华人民共和国行政处罚法》第六十四条第四项、《市场监督管理行政处罚听证办法》第四条规定，如认为上述人员与案件有直接利害关系或者其他关系可能影响公正执法的，你（单位）有申请回避的权利。

如果委托他人（一至两人）代为参加听证，请提交由委托人签名或者是盖章的授权委托书，委托书应载明委托事项及权限。委托代理人代为放弃行使陈述权、申辩权和质证权的，必须有委托人的明确授权。

请参加人员携带身份证原件，委托代理人还应携带授权委托书。

联系人：______________________联系电话：______________________

联系地址：____

______市场监督管理局

年　　月　　日

本文书一式___份，___份送达，一份归档，__________。

附录 63　听证笔录

______市场监督管理局
听证笔录

案件名称：______________________________

时间：________年____月____日____时____分至____时____分

地点：______________________________

听证主持人：______________（听证员：______________）

记录员：______________（翻译人员：______________）

办案人员：______________、______________

当事人：______________________________

［法定代表人（负责人）：______________委托代理人：______________］

［第三人：______________________________

法定代表人（负责人）：______________　委托代理人：______________

其他参加人：______________________________］

听证过程：

记录员：经查，听证参加人______________________已到场，现在宣布听证纪律：

（一）服从听证主持人的指挥，未经听证主持人允许不得发言、提问；

（二）未经听证主持人允许不得录音、录像和摄影；

（三）听证参加人未经听证主持人允许不得退场；

（四）不得大声喧哗，不得鼓掌、哄闹或者进行其他妨碍听证秩序的活动。

报告听证主持人，听证准备就绪。

办案人员（签名）：______________________年____月____日

当事人、委托代理人（签名或者盖章）：______________年____月____日

第三人、其他听证参加人（签名）：______________年____月____日

第　　页 共　　页

听证主持人：现在核对听证参加人。

当事人及委托代理人：____

办案人员：____

［第三人及委托代理人：____

其他参加人：____］

听证主持人：已核对当事人（委托代理人）（第三人、委托代理人、其他参加人）和办案人员的身份。现在宣布听证会开始进行。

本局于______年____月____日依法向当事人送达了______市监听通〔____〕____号《行政处罚听证通知书》。经________申请举行____________________________一案听证会。本次听证主持人是________，（听证员是________），记录员是________，（翻译人员是________）。

现告知听证参加人在听证中的权利义务。

当事人享有以下权利：1. 有权放弃听证；2. 有权申请听证主持人、听证员、记录员、翻译人员回避；3. 有权当场提出证明自己主张的证据；4. 有权进行陈述和申辩；5. 经听证主持人允许，可以对相关证据进行质证；6. 经听证主持人允许，可以向到场的证人、鉴定人、勘验人发问；7. 有权对听证笔录进行审核，认为无误后签名或者盖章。

（第三人享有以下权利：1. 有权当场提出证明自己主张的证据；2. 有权进行陈述；3. 经听证主持人允许，可以对相关证据进行质证；4. 经听证主持人允许，可以向到场的证人、鉴定人、勘验人发问；5. 有权对听证笔录进行审核， 认为无误后签名或者盖章。）

听证参加人承担以下义务：1. 遵守听证纪律；2. 在审核无误的听证笔录上签名或者盖章。

当事人（委托代理人）是否申请听证主持人、记录员（听证员、翻译人员）回避？

当事人（委托代理人）：____

____

____

____

办案人员（签名）：______________________________年____月____日

当事人、委托代理人（签名或者盖章）：____________________年____月____日

第三人、其他听证参加人（签名）：______________________年____月____日

第　　页 共　　页

听证主持人：现在请办案人员提出当事人违法的事实、证据、行政处罚建议及依据。

____

____

听证主持人：现在请当事人（委托代理人）进行陈述和申辩。

____

____

[听证主持人：现在请第三人（委托代理人）进行陈述。]

____

____

听证主持人：现在开始质证。请办案人员出示相关证据，并说明证明目的。

____

____

听证主持人：现在请当事人（委托代理人）发表质证意见。

____

____

[听证主持人：现在请第三人（委托代理人）发表质证意见。]

____

____

听证主持人：现在开始辩论。请办案人员发表辩论意见。

____

____

听证主持人：现在请当事人（委托代理人）发表辩论意见。

____

____

[听证主持人：现在请第三人（委托代理人）发表辩论意见。]

____

____

办案人员（签名）：________________________________年____月____日

当事人、委托代理人（签名或者盖章）：__________________年____月____日

第三人、其他听证参加人（签名）：_____________________年____月____日

第　　页 共　　页

[听证主持人：现在请第三人（委托代理人）陈述你的最后意见。]

____

____

听证主持人：请办案人员陈述最后意见。

____

____

听证主持人：请当事人（委托代理人）陈述你的最后意见。

____

____

听证主持人：现在宣布听证结束。请听证参加人核对听证笔录，无误后请签名或者盖章。

听证主持人：____ 年　月　日

（听证员、翻译人员）：______________________________ 年　月　日

记录员：____ 年　月　日

办案人员（签名）：________________________________ 年____月____日

当事人、委托代理人（签名或者盖章）：________________ 年____月____日

第三人、其他听证参加人（签名）：____________________ 年____月____日

第　　页 共　　页

附录 64 听证报告

______市场监督管理局
听证报告

案件名称：____

听证时间：________年____月____日____时____分至____时____分

听证地点：____

听证方式：□公开/□不公开

听证主持人：______________________（听证员：______________________）

记录员：______________________（翻译人员：______________________）

办案人员：______________________、______________________

当事人：____

［法定代表人（负责人）：________________委托代理人：________________］

［第三人：____

法定代表人（负责人）：________________委托代理人：________________

其他参加人：____］

听证的基本情况：____

____

____

____

____

处理意见及建议：____

____

____

（需要报告的其他事项）____

____

____

听证主持人：____年　　月　　日

听证员：____年　　月　　日

____年　　月　　日

第　　页 共　　页

附录 65 结案审批表

______市场监督管理局
结案审批表

<table>
<tr><td>案件名称</td><td colspan="3"></td></tr>
<tr><td>立案日期</td><td></td><td>办案人员</td><td></td></tr>
<tr><td>处理决定文书</td><td></td><td>处理决定日期</td><td></td></tr>
<tr><td>结案情形</td><td colspan="3">□行政处罚决定执行完毕 □人民法院裁定终结执行
□案件终止调查 □依法不予行政处罚
□违法事实不能成立 □移送其他行政管理部门
□移送司法机关 □其他：__________</td></tr>
<tr><td>行政处罚内容</td><td colspan="3"></td></tr>
<tr><td>行政处罚决定的执行方式</td><td>□主动履行
□强制执行
□其他：__________</td><td>罚没财物
处置情况</td><td></td></tr>
<tr><td>办案人员意见</td><td colspan="3">办案人员：
年 月 日</td></tr>
<tr><td>办案机构负责人意见</td><td colspan="3">办案机构负责人：
年 月 日</td></tr>
<tr><td>部门负责人意见</td><td colspan="3">部门负责人：
年 月 日</td></tr>
<tr><td>备 注</td><td colspan="3"></td></tr>
</table>

附录 66　行政处罚流程图

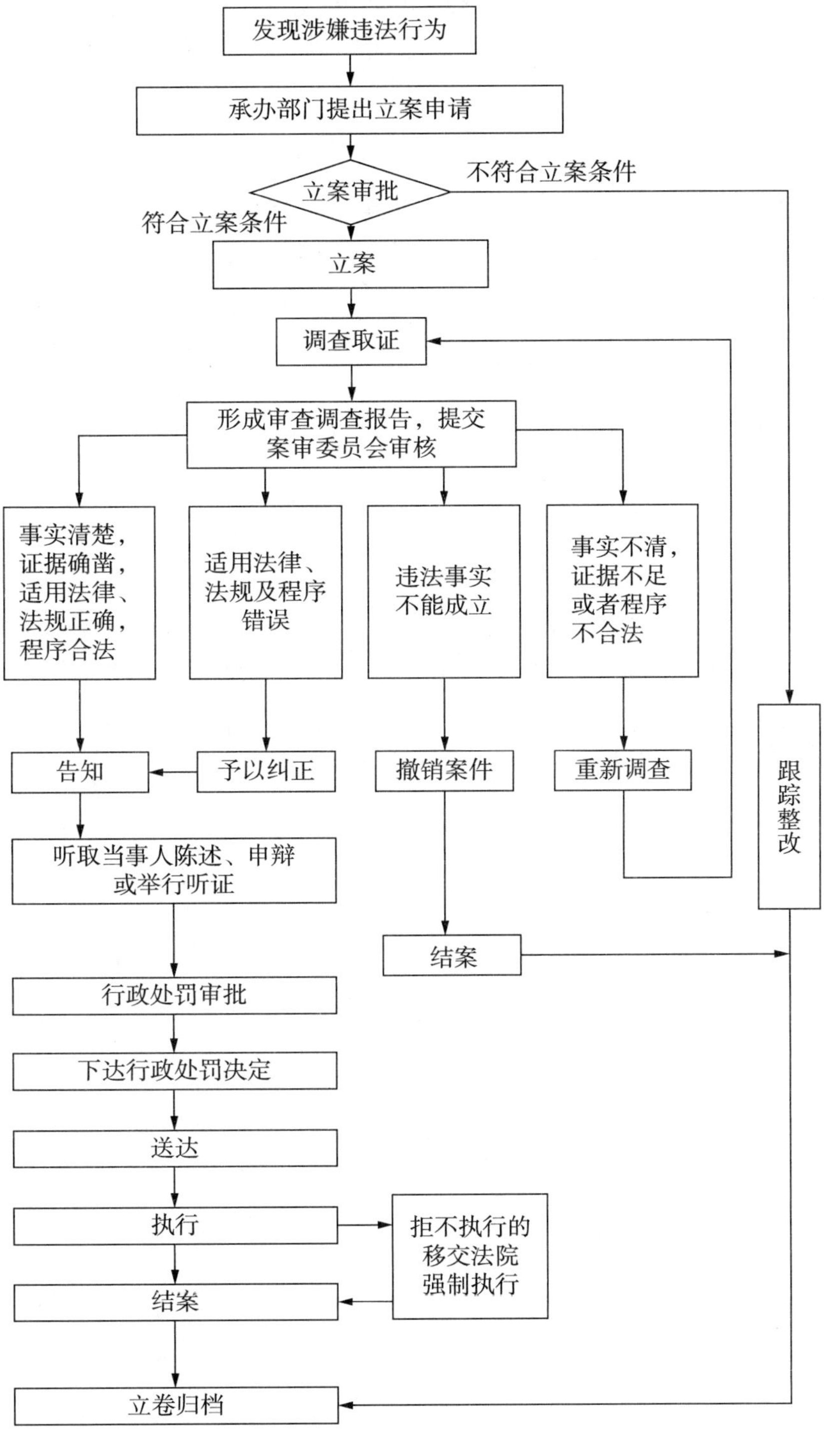

附录 67 特种设备事故、相关事故信息报告表

特种设备事故、相关事故信息报告表

<table>
<tr><td colspan="4">特种设备（□事故 □相关事故 □报告 □续报）</td></tr>
<tr><td>事故发生单位</td><td colspan="3"></td></tr>
<tr><td>事故发生时间</td><td></td><td>接报时间</td><td></td></tr>
<tr><td>事故发生地点</td><td colspan="3">［具体到县、区、街道（村）等］</td></tr>
<tr><td>设备种类</td><td></td><td>设备品种（名称）</td><td></td></tr>
<tr><td>设备参数</td><td></td><td>设备用途</td><td></td></tr>
<tr><td>事故特征</td><td></td><td>所属行业</td><td></td></tr>
<tr><td>伤亡情况</td><td colspan="3">死亡（ ）人
受伤（ ）人，其中重伤（ ）人</td></tr>
<tr><td>预计直接经济损失（万元）</td><td colspan="3"></td></tr>
<tr><td>事故等级</td><td colspan="2">□特别重大事故
□重大事故
□较大事故
□一般事故</td><td>□特种设备相关事故
□特种设备突发事件信息</td></tr>
<tr><td colspan="4">事故（事件）概况、初步原因判断和已经采取的措施：</td></tr>
</table>

填报单位（章）： 省份：

填报人（签名）： 填报日期： 年 月 日

电话： 传真： E-Mail：

附录 68 文件交接清单

文件交接清单

序号	名称	单位	数量	备注

移交人： 日期：

签收人： 日期：

附录 69　档案目录

档案目录

档案名称：　　　　　　　　　　档案编号：　　　　　　　建档日期：　　　　年　　月　　日

档案目录						
序号	文件名称	单位	数量	总页数	归档日期	备注
						□原件　□复印件
						□原件　□复印件
						□原件　□复印件
						□原件　□复印件
						□原件　□复印件
						□原件　□复印件
						□原件　□复印件
						□原件　□复印件
						□原件　□复印件
						□原件　□复印件
						□原件　□复印件
						□原件　□复印件
						□原件　□复印件
						□原件　□复印件
						□原件　□复印件
						□原件　□复印件
						□原件　□复印件
						□原件　□复印件
						□原件　□复印件
						□原件　□复印件
						□原件　□复印件
						□原件　□复印件
						□原件　□复印件
						□原件　□复印件

附录 70 借阅档案登记表

借阅档案登记表

序号	日期	档号	题名	利用目的	方式		复印份数	借阅单位	借阅人签字	部门负责人签字	分管领导签字	归还日期
					借阅	查阅						

附录 71　档案销毁清册

档案销毁清册

单位名称：

_______年___月___日到_______年___月___日

序号	案卷或文件题名	年代	目录号	卷号或文号	卷内文件页（件）数	原期限	销毁原因	备注

参考文献

[1]国家质量监督检验检疫总局.中国质检工作手册　特种设备安全监察[M].北京：中国质检出版社，2014.

[2]何毅，马俊.特种设备现场安全监督检查规则实用手册，2015.

[3]国家质量监督检验检疫总局，特种设备事故调查处理中心.特种设备事故应急与调查处理：移动承压类分册[M].北京：中国质检出版社　中国标准出版社，2012.

[4]邱恒俊.特种设备安全监察工作实用手册[M].2版.北京：中国质检出版社　中国标准出版社，2013.

[5]广东省质量技术监督局.特种设备安全监察员简明培训教材，2017.

[6]廖迪煜.基层特种设备安全监察简明手册[M].北京：中国质量标准出版传媒有限公司　中国标准出版社，2019.

[7]廖迪煜.特种设备安全管理简明手册[M].北京：中国质量标准出版传媒有限公司　中国标准出版社，2019.

[8]特种设备安全监察日常巡查和监督检查作业指导书.https://wenku.baidu.com/view/ea175a096094dd88d0d233d4b14e852459fb39f6.html

[9]特种设备作业指导书 https://wenku.baidu.com/view/0c4d8a2a7d1cfad6195f312b3169a4517623e5d0.html

[10]采购作业指导书.http://www.docin.com/p-2190142861.html

[11]档案管理作业指导书.http://wenku.baidu.com/view/e1238e5a0029bd64793e2cef.html

[12]非标设备设计作业指导书.http://wenku.baidu.com/view/3719b7beb307 e87100f69636.html

[13]机械设备安装作业指导书.http://wenku.baidu.com/view/c812d44733687e21af45a958.html

[14]燃气锅炉使用、维护保养与检修 http://wenku.baidu.com/view/e16846d111661ed9ad51f01dc281e53a5902517c.html

[15]设备安装作业指导书.http://wenku.baidu.com/view/30ba794de518964bcf847c5d.html

[16]设备检修、保养作业指导书.http://wenku.baidu.com/view/5f6307f0581b6bd97e19ea86.html

[17]索道维护保养及检修要求.http://wenku.baidu.com/view/f42edb837c1cfad6185fa739.html

[18]特种设备安全管理作业要点.https://www.doc88.com/p-663159455276.html

[19]特种设备风险分级管控作业指导书.http://max.book118.com/html/2019/1101/6242000105002121.shtm

[20]特种设备管理作业指导书.http://www.doc88.com/p-30587017656525.html

[21]特种设备使用登记作业指导书.http://www.doc88.com/p-9834811919195.html

[22]特种设备事故调查处理作业指导书.http://wenku.baidu.com/view/ebc58cbd65ce0508763213c3.html

[23]特种设备作业指导书编写.http://wenku.baidu.com/view/bb4194fd04a1b0717fd5ddb4.html

[24]制造设备作业指导书.http://max.book118.com/html/2018/0405/160211827.shtm

[25]生产过程作业指导书.http://max.book118.com/html/2016/0820/52093540.shtm

[26]特种设备安全监察指令书填写规范(特种设备安全法).https://wenku.baidu.com/view/cefd38dc804d2b160a4ec05c.html

[27]DB31/T 1186—2019 特种设备风险分级管控通则

[28]DB31/T 1187—2019 特种设备风险分级管控实施指南

[29]上海金山石化物流股份有限公司特种设备风险分级管控作业指导书.https://max.book118.com/html/2019/1101/6242000105002121.shtm

[30]安全生产隐患排查治理作业指导书 https://wenku.baidu.com/view/2f0a85d0d8ef5ef7ba0d4a7302768e9950e76e6c.html

[31]厂内机动车辆维护保养制度 https://wenku.baidu.com/view/a74cd9b89fc3d5bbfd0a79563c1ec5da50e2d696.html

[32]电梯的维护与保养 https://wenku.baidu.com/view/32a708a1b42acfc789eb172ded630b1c58ee9b53.html

[33]机械设备安装作业指导书 https://wenku.baidu.com/view/c812d44733687e21af45a958.html

[34]特种设备安全监察指令书填写规范（特种设备安全法）https://wenku.baidu.com/view/0c74702c824d2b160b4e767f5acfa1c7aa008281.html

[35]压力管道日常维护保养 https://wenku.baidu.com/view/d3a1127800f69e314332

3968011ca300a6c3f6e1.html

[36]隐患排查治理作业指导书 https://wenku.baidu.com/view/f299bcb281eb6294dd88d0d233d4b14e85243ebc.html

[37]游乐设施的维护保养 https://wenku.baidu.com/view/b73afece5527a5e9856a561252d380eb63942339.html

[38]特种设备定期检验制度 https://wenku.baidu.com/view/be4dbc3eb42acfc789eb172ded630b1c59ee9b99.html

[39]DB61/T 1336—2020 大型游乐设施维护保养规则

[40]安全检查的方法和注意事项.http://www.jdzj.com/hot/article/2016-5-19/41702-1.htm